PETITE COSMOLOGIE CHINOISE

DES MÊMES AUTEURS
AUX ÉDITIONS DU SEUIL

Guide de l'apprenti philosophe
2002

Le Bestiaire des philosophes
2001

Le Bêtisier des philosophes
coll. « Point Virgule », 2001

Tout fout le camp
coll. « Le Temps de penser », 1999

Le Feu
coll. « Le Temps de rêver », 1999

L'Amour indigo
coll. « Philo Seuil », 1997

Miroir ô miroir
coll. « Philo Seuil », 1996

Ce livre a été réalisé sous la direction de Martine Laffon
ISBN 2-02-058541-3

www.seuil.com

PETITE COSMOLOGIE CHINOISE

Jean-Jacques Barrère
Christian Roche

Illustrations Catherine J. Mercier-Boutros

Seuil

La naissance du monde
Du Chaos primordial au monde céleste

Un, deux, trois... Ainsi, du Chaos primordial, naît simplement le monde. Aussitôt peuplé d'êtres extraordinaires, qui tantôt, comme le monstre Gonggong, veulent détruire, tantôt, comme la bonne Déesse Nügua, veulent sauver. Les hommes sont créés un peu plus tard, d'un peu de boue, comme le potier, sur son tour, le ferait d'un vase. Il faut, après coup, que ces hommes puissent s'expliquer l'origine des choses. Intervenant à la suite de la cosmologie, qui dit l'Être, naissent les mythologies, ces formes imagées que prend la science dans les premiers moments de la société.

Se disent alors, par le biais de contes fantastiques qui charment encore nos âmes d'enfants, l'origine du Soleil, les taches de la Lune, l'existence de la Voie lactée.

Les premiers héros, que les Chinois se plaisent à appeler par respect les « Grands » ou encore les « Augustes », peuvent alors advenir. Au nombre de trois, ils ont noms Fuxi, Nügua, Shennong. Ils civilisent les hommes, qui sans eux ne se seraient guère élevés au-dessus de la condition animale. En apportant le feu, l'agriculture, la science des signes et des nombres, les instruments de musique, les chants, ils ouvrent les temps historiques.

Dans l'imaginaire antique, quand les hommes ont fait leur temps, ils rejoignent, au plus profond du sol, ce lieu incertain qui a nom « Sources jaunes ». Seuls les grands hommes ne meurent pas. Par décret impérial on les proclame des Dieux, et après avoir été, pour de bon, Empereurs des hommes, ils deviennent Empereurs Très Hauts et Très Célestes. Ainsi Huangdi, l'Empereur jaune, mi-légendaire, mi-historique, est le premier d'une série de cinq (Zhuanxu, Ku, Yao, Shun lui succèdent). Cette position initiale justifie qu'on lui donne ici une place.

Mais comment choisir pour le reste ? Dans le monde d'En Haut, le temps fait aussi son œuvre, et des Dieux que l'on croyait vraiment immortels viennent à disparaître, tandis que d'autres, de création relativement

récente, prennent le devant de la scène. C'est que, se succédant, les dynasties impériales mettent chacune en avant tel ou tel de leurs Dieux favoris, fondateurs invoqués de la lignée.
À cela se superposent aussi bien les croyances liées aux religions concurrentes, comme le bouddhisme et le taoïsme, que les cultes rendus dans le cadre des pratiques paysannes et urbaines. Aussi le Ciel chinois a été longtemps peuplé d'un incroyable fourmillement de dieux organisés, lorsque c'était possible, selon une hiérarchie imitant la méticuleuse bureaucratie impériale. Tant et si bien que se bousculent encore dans les croyances et les calendriers les différentes versions qui nous disent la naissance du monde.

LE CHAOS PRIMORDIAL

Vide.

Aveugles ténèbres. Nuit obscure. Au début tout est profondeur sans limite.

Incessantes bourrasques. Immensité désertique. Les hautes herbes sont pliées par le vent. L'eau bouillonnante déferle de toute part. À l'horizon improbable se mêlent, incessantes, les vagues et les nuées.

Balancement sans fin. Mais peu à peu se dessine la trame du Ciel. Peu à peu se dessine le contour de la Terre. Le léger s'échappe vers le léger, le lourd retombe vers le lourd.

Un à un, aux bornes du monde terrestre, les lointains apparaissent : l'Est, le Sud, l'Ouest et le Nord. Dans le Ciel, les saisons inégales se succèdent : printemps, été, automne et hiver.

Tout se sépare et s'ordonne. Les souffles chauds s'accumulent, alors s'élève le feu ; les souffles chauds s'exacerbent, alors surgit le Soleil. Les souffles froids s'accumulent à former les eaux, les souffles froids s'exacerbent, et ainsi se constitue la Lune.

Voilà pourquoi les astres et le zodiaque sont dans le Ciel. Voilà pourquoi les eaux et les poussières sont sur la Terre.

En témoigne le philosophe taoïste Liu Han, l'auteur du *Huainan zi (Le Maître de Huainan)*, dans l'un de ses essais :

Confus et sans forme
Profond et obscur
Cela s'appelle grand commencement
Grand commencement des immensités vides

Le géant Pangu

D'autres récits, plus tardifs, dont nous n'avons plus que des fragments, racontent l'histoire du premier vivant. Son nom est Pangu. Il repose d'abord dans l'œuf primordial. Mais après des millénaires et encore d'autres millénaires, voilà que Pangu, devenu un géant immense, s'étire et brise la coquille.

Alors ce qui est léger s'élève, ce qui est lourd s'abaisse. Ainsi se forment le Ciel et la Terre.

Pangu s'appuie sur la Terre et l'abaisse davantage. Pangu soutient le Ciel et l'élève encore plus. Cela dure des millénaires et des millénaires. À chaque fois les deux mondes s'éloignent et à chaque fois Pangu l'immense devient encore plus grand.

Pendant dix-huit mille ans Pangu tient bon. Une fois pour toutes est accomplie la séparation entre le léger et le lourd, la séparation entre le Ciel et la Terre. C'en est fait : le Chaos est dissous.

En témoigne le poète :

Ciel et Terre se trouvaient sens dessus dessous
Avant que sombre Chaos ne se fût dissous
Quand Pangu brisa la nébuleuse immense
S'ébranla le commencement de notre monde

Alors Pangu se sent fatigué. Avant de s'endormir, il disjoint ses membres et dépèce son corps. À tout jamais son souffle devient le vent et les nuées. Sa voix terrible devient le bruit du tonnerre et l'éclat des éclairs. De son œil gauche lancé dans le Ciel il fait le Soleil. De son œil droit il fait la Lune. Bras et jambes épars deviennent les quatre points cardinaux. Son tronc morcelé donne naissance aux cinq montagnes sacrées de la Chine.

Ainsi chaque chose sur terre vient de Pangu : les perles et les jades, de sa moelle ;

les métaux et les pierres, de ses os et de ses dents ; les pluies et les marais, de sa sueur. On dit même que les différents parasites de son corps sont devenus les divers peuples de la race humaine. Ainsi se marque dès l'origine cette idée d'un monde terrestre en tout point identique au monde céleste, d'un microcosme à l'unisson du macrocosme.

C'est une aventure en tout point semblable que l'on attribue à Lao Tseu, supposé avoir vécu des siècles et des siècles plus tard. Lui aussi, à sa mort terrestre, transforme son corps :

Son œil gauche devint le Soleil, son œil droit devint la Lune ; sa tête devint le mont Kunlun, sa barbe devint les planètes et les constellations ; ses os devinrent les dragons, sa chair devint les quadrupèdes ; ses intestins devinrent les serpents ; son ventre devint la mer ; ses doigts devinrent les Cinq Pics.

L'oiseau Peng

Le monde est immense. Borné par des mers plus grandes encore. À l'extrême nord, à l'aplomb de la constellation de la Grande Ourse, c'est la mer des Ténèbres, sorte de lac céleste dans lequel s'ébat à l'origine une baleine si grande qu'on n'a jamais pu la mesurer.

On ne sait quand exactement, ce mammifère marin se métamorphosa un jour en un oiseau immense, l'oiseau Peng. Lorsqu'il s'envolait, ses ailes étaient comme des nuages énormes suspendus dans le ciel. À chaque battement d'ailes un vent terrible battait la mer et faisait s'élever des vagues de plusieurs milliers de *li* (le *li* est une unité de longueur voisine de cinq cents mètres).

Dans le vent tourbillonnant, l'oiseau, en six mois, parcourait tout l'espace pour se diriger vers le sud.

Le mythe a survécu longtemps dans la croyance selon laquelle, au printemps et à l'automne, moineaux et faisans entraient dans les eaux pour se transformer en poissons ou en coquillages, puis réapparaissaient dans leurs formes primitives aux saisons suivantes. L'oiseau Peng serait, par son nom même, proche de l'oiseau Feng, autrement dit du phénix, oiseau vermillon prêt à parcourir des espaces infinis, symbole de la Création divine.

Le monstre Gonggong brise le mont Buzhou

Lorsque fut établi définitivement l'ordre du monde, celui de la Terre avec ses orients, celui du Ciel avec ses saisons, les créatures, autrement dit les dix mille êtres bariolés, purent proliférer.

Bien plus tard, les astrologues attachés à la cour des Empereurs, et chargés d'indiquer les dates favorables, se mirent en devoir d'expliquer le mouvement apparent du soleil, la régularité des éclipses, le mécanisme des saisons. À peu près à la même époque que les Grecs, les Chinois dressèrent des cartes du ciel et reconnurent l'inclinaison de l'écliptique.

Mais cette découverte scientifique, où tout penche fortement – l'univers tout entier aurait-il pu basculer ? –, est dramatisée dans un récit fondateur, selon lequel la catastrophe initiale a été évitée de peu. On imagine un certain Gonggong, terrible seigneur de guerre, ayant certes tête humaine, mais aussi corps de serpent et cheveux rouges.

Cette créature de l'eau, fils lointain d'un Empereur des Flammes, tenta, dit-on, de renverser Zhuan Xu, pour devenir lui-même Souverain du Ciel. Ne pouvant, malgré ses efforts, parvenir à ses fins, sous l'emprise du dépit il heurta de la tête le mont Buzhou et le fit s'écrouler.

Ce pouvait être, certes, un terrible événement, mais sans grande conséquence, si ce n'est que dans les mythes fondateurs de la Chine les montagnes ont pour fonction de soutenir le ciel. Ainsi, par un terrible mouvement de colère, est rompue la colonne céleste, et, du même coup, sont brisées les amarres terrestres. Tout s'incline vers le sud-est, tous les fleuves et les eaux s'écoulent dans cette direction. Tant et si bien qu'aujourd'hui encore, pour dire l'inéluctable nécessité, on cite ce vers de Li Po :

Toutes choses depuis toujours sont eaux coulant vers l'est

Ou encore ce poème de Lou Tchaolin :

Les années qui s'en vont, les soucis qui s'en viennent
Ainsi les eaux coulent vers l'est
Le Ciel est constant et la Terre dure
Les hommes tant qu'ils sont n'ont qu'à mourir

ÉVITER LE DÉLUGE

C'est donc le temps où les points cardinaux s'effondrent. Le cercle du Ciel chancelle et se fend, la Terre carrée ne le soutient plus totalement. L'apocalypse menace : le feu ravage tout sur son passage, l'eau déferle et submerge l'espace. Les fauves dévorent bêtes et gens, les rapaces enlèvent vieillards et enfants.

Alors la Déesse Nügua, apparentée à la Lune, intervient à temps pour sauver l'humanité du désastre. D'abord elle répare le Ciel avec des pierres aux couleurs de l'arc-en-ciel. Puis elle entasse la cendre des joncs et des roseaux pour stopper les inondations. Elle parvient à tuer le dragon noir, autre forme de Gonggong, cause du déluge des eaux déferlantes. Mais surtout elle vient au secours de la Terre en tranchant les pattes de la grande tortue qui supporte le monde.

Ces pattes coupées remplacent le mont Buzhou, et servent alors de colonnes dressées aux quatre coins du monde. L'animal gigantesque immobilisé, les points cardinaux redeviennent stables. En témoigne le texte de Lie Zi :

Nügua purifia par le feu les pierres multicolores
Afin de compléter ce qui faisait défaut
Elle trancha les pattes de la grande tortue
Afin de fixer les quatre extrêmes

Le monde retrouve son assise – aussi bien la Terre carrée que le Ciel sphérique dressé comme un dais circulaire placé au-dessus d'un char.

Ainsi, sous la conduite de sages Empereurs, les hommes, ayant retrouvé leurs repères, peuvent, dans la vastitude des neuf provinces, vaquer paisiblement à leurs occupations.

Un seul Soleil

Le Soleil, jour après jour, se lève à l'est et accomplit, dans une ronde infinie, le tour du monde. Il se lève au-dessus de la mer orientale, et le soir s'enfonce au-delà de l'horizon. Jour après jour, il recommence sans cesse sa course, avec la régularité d'une clepsydre. Infatigable. À peine, parfois, pousse-t-il un soupir, attristé d'être aujourd'hui seul à accomplir cette tâche.

Car aujourd'hui, comme chacun le sait, il n'y a qu'un seul Soleil. Mais, selon la cosmologie chinoise, il n'en a pas été toujours ainsi. Autrefois, dit-on, il y avait dix soleils pour parcourir le monde. Dix soleils, comme il y a encore aujourd'hui dix jours dans chaque décade.

C'était il y a bien longtemps. Avant la séparation du jour et de la nuit… Xihe, la Déesse qui régnait à l'est, l'épouse de l'Empereur Jun, avait donné naissance à dix soleils.

La nuit, ils dormaient sur les branches d'un arbre immense.

Au petit matin, leur mère les lavait dans la mer. Puis les essuyait avec les feuilles du mûrier. Alors, avec l'un d'entre eux, à chaque fois différent, elle montait dans le char tiré par les six dragons.

Chantait alors le coq de jade. Son cocorico immense était repris par le coq d'or juché sur le pêcher à l'entrée du domaine des esprits, pour leur dire de quitter la terre et de regagner sans tarder leur demeure nocturne. Quelques instants plus tard, c'était aux coqs de pierre perchés aux quatre coins du monde de crier au loin la venue du Soleil.

S'élevant au-dessus de l'arbre sacré, Xihe, la Déesse qui régnait à l'est, accompagnée d'un de ses fils, parcourait le Ciel dans son char, en suivant soigneusement chaque jour le même chemin. Ainsi l'ordre du monde était-il respecté, la terre était-elle éclairée, et les hommes réchauffés.

Mais un jour, sans qu'on sache trop pourquoi, les dix soleils, sans doute pour s'amuser, décidèrent de sortir tous ensemble dans le ciel. La canicule atteignit son comble. La sécheresse brûla toutes les récoltes. Ce fut un terrible désastre pour les hommes. Rien n'y fit, ni les offrandes, ni les supplications ; ni les prières, ni les incantations. Tant et si bien que l'Empereur terrestre se décida d'aller jusqu'au ciel pour solliciter l'Empereur céleste.

– Comment oses-tu venir jusqu'à moi ?
– C'est qu'il y a sur terre un terrible désastre… Ô Empereur, vos fils…
– Quoi, mes fils ? fit en grondant l'Empereur céleste.
– Ô puissant Empereur, vos fils sont dans le Ciel, tous les dix.
– Et alors ?
– Sur terre la chaleur est intenable. Les blés sont brûlés, les rizières asséchées. Le métal fond, les pierres coulent. Bêtes et gens meurent comme des mouches.
– C'est bon, dit l'Empereur céleste en se levant. Tu as la vie sauve. Retire-toi.

L'audience achevée, l'Empereur céleste entra dans une terrible colère. Certes, les dix soleils étaient ses enfants. Mais en perturbant l'ordre du monde, ils faisaient courir à la Terre un trop grand danger. Aussi, séance tenante, il convoqua son meilleur archer. Celui dont le bras gauche étant plus grand que le bras droit, tirait au plus loin, celui qui enfin n'avait jamais manqué sa cible. Celui qui était célèbre pour avoir abattu d'une flèche le Grand Vent au lac de la colline verte. Celui qui avait transpercé l'œil gauche du Comte du Fleuve, le génie du fleuve Jaune, pour le punir de ses incessantes inondations.
– Yi, archer fidèle, dit l'Empereur, je t'ai fait appeler. Tu connais mes fils. Ils sont dans le Ciel, tous les dix. Ils ont échappé à leur mère et causent du désordre. Que cela cesse. Ramène-les à la raison.
– Ce sera fait selon votre volonté, ô Empereur céleste.
– Pour te remercier par avance, voici, conformes à ta dignité, un arc rouge et des flèches blanches capables de traverser le ciel.

Sans attendre, Yi l'archer se mit à la recherche des fils de l'Empereur céleste. D'aussi loin qu'il put, il les appela. Il leur cria l'ordre de leur père. Il tenta de les rattraper. Il les menaça. Il y passa tout son temps. Rien n'y fit.

Alors, trop impatient, et sans réfléchir, Yi l'archer banda l'arc rouge et, l'une après l'autre, tira neuf flèches blanches. À chaque fois un soleil s'abattait, sphère de feu tourbillonnante. À chaque fois, de cette boule tournoyante un oiseau d'or à trois pattes s'échappait. Et chaque fois, cet oiseau d'or, esprit du soleil, brûlé dans sa chute, devenait noir comme un corbeau. Chute vertigineuse dont témoigne le poète Du Fu, lorsque, avec ses pinceaux, il célèbre une certaine dame Gongsun dansant avec un sabre :

Lorsqu'elle se courbait, on aurait dit que les neuf soleils
Tombaient sous les flèches du prince Yi
Lorsqu'elle se relevait, on voyait les Empereurs célestes
Chevauchant les dragons

Voilà pourquoi, aujourd'hui, il n'y a plus qu'un seul Soleil pour parcourir, jour après jour, avec la régularité d'une horloge, l'orbe du monde. Un Soleil unique qui a perdu ses frères, un à un abattus par l'archer. Un seul Soleil, qui le matin se lève au-dessus de la mer, et qui le soir, désespéré d'être seul, s'enfonce tristement dans les montagnes bleues, au-delà de l'horizon.

La Lune et son crapaud

Alors que les souffles chauds du *Yang*, en s'accumulant, engendrent le feu, les souffles froids du *Yin*, en s'accumulant, engendrent l'eau. En s'épurant, ce qu'il y a d'essentiel dans les souffles du feu forme le soleil. Ce qu'il y a d'essentiel dans les souffles de l'eau forme la lune. Et le reste, ce sont les étoiles et les planètes.

Ainsi le Soleil et la Lune s'apparient et s'opposent comme le *Yin* et le *Yang* dont ils sont composés.

Les choses se ressemblent : de même qu'il y avait au départ, selon les mythes, dix soleils que leur mère lavait chaque jour dans la mer Orientale, il y avait à l'origine douze lunes (comme les douze lunaisons de l'année) que Chanxi, leur mère, baignait dans les eaux de l'Extrême-Occident.

On se souvient des exploits de Yi l'archer, abattant l'un après l'autre les neuf soleils, pour n'en laisser survivre qu'un seul. Mais rien ne nous est raconté concernant le destin des douze lunes. Comment se fait-il qu'il n'en reste aujourd'hui qu'une seule s'élevant dans le ciel nocturne, mois après mois ? Quelles sont donc ces taches sombres si bien visibles lorsque la lune est pleine ? N'y voit-on pas tantôt un crapaud ou un lièvre, tantôt un arbre aux grandes branches, ou encore, plus simplement une jeune femme solitaire ? Le poète, dans les *Chants de Chu*, s'interroge :

Quelle est cette vertu caractéristique de la Lune
Lumière de la nuit, qui lui permet de grandir à nouveau
Une fois qu'elle est morte ?
Quel avantage a-t-elle à garder un crapaud en son sein ?

Yi, malgré lui, joue encore un rôle en cette histoire, ou plutôt Chang E, son épouse. Familier des Dieux, Yi venait d'obtenir, suprême récompense, de Xi Wang Mu, la terrible et sensuelle Reine Mère d'Occident, Reine des Morts et maîtresse des destinées, sous la forme de quelques pilules, une drogue qui rendait immortel. Après l'avoir remerciée, il les mit dans un coffret de jade, puis, sans y prêter plus d'attention, s'en fut au loin, tirer à l'arc le renard ou le sanglier.

Lorsqu'il revint, un mois à peine plus tard, curieusement les appartements de sa femme étaient vides. Il y régnait un étrange désordre, comme c'est le cas lors d'un départ précipité. Profitant de son absence, Chang E, toujours aussi fantasque, serait-elle allée rendre une visite impromptue à quelque cousine ? Les servantes interrogées, tout en tremblant, ne surent quoi répondre. Il fallut se rendre à la raison. Chang E avait bel et bien disparu. On eut beau parcourir la campagne, battre de jour et de nuit les buissons, sonder les rivières vives et les eaux dormantes des étangs, rien n'y fit.

On se résigna à interroger Youhuang le sorcier. Il assura qu'on était venu, pour elle, le consulter, il y avait de cela à peine trois décades. Il se souvenait que les présages, la concernant, étaient fastes. En termes obscurs, levant la main droite vers le ciel, il déclara aussi savoir où Chang E maintenant demeurait. Comme la noire tortue, l'astre blanc, disait-il, a ses secrets. Il suffirait, en laissant venir encore quelques jours, d'attendre le cinquième jour du cinquième mois. Quand on lui rapporta avec précaution ces propos, Yi cru comprendre qu'il suffirait d'attendre un peu pour voir le retour de sa femme. Alors, une nuit, pour tromper son attente, Yi, errant dans sa vaste demeure, résolut de contempler sans attendre le bien le plus fantastique qui, malgré tout, lui restait, le cadeau divin que lui avait fait personnellement la Reine Mère d'Occident, Reine des Morts et maîtresse des destinées, ces pilules d'éternité qu'il avait précieusement enfermées dans une boîte de jade.

Cette boîte elle-même, il s'en souvenait, il l'avait placée de ses mains dans un coffre d'ivoire. Mais quand, enfin, il s'approcha du coffre, quelle ne fut pas sa surprise d'apercevoir à son pied, dans les plis d'une soierie arrachée, un miroir brisé. Quel ne fut pas son effroi de constater que la serrure du coffre avait été forcée. Quant au coffret de jade, éclairé juste à cet instant par les froids rayons de la Lune, il n'avait plus de couvercle. Et surtout il était vide, effroyablement vide.

Yi comprit son malheur. Ces pilules si précieuses ne s'étaient pas évanouies par un quelconque sortilège. Si elles n'étaient plus là, c'est qu'on les avait dérobées. Les servantes, sous les coups, finirent par avouer. C'était donc ça, la disparition de Chang E. Oui, c'était bien leur maîtresse qui les avait prises. Elles racontèrent même, en pleurant, que prise de terribles douleurs, se tenant le ventre, la dame cherchait partout une drogue qui pourrait la soulager, ne serait-ce qu'un instant. Oui, c'était bien leur maîtresse qui, connaissant sans doute la cachette, avait absorbé toutes les pilules, l'une après l'autre. Comme le suggère mystérieusement le pinceau du poète Li Shangyin :

Vol de la drogue d'immortalité
Éternel regret de Chang E
Ciel d'azur, mer d'émeraude
Nuit après nuit, ce cœur qui brûle

Alors, fou de rage, en invoquant les Dieux, Yi l'archer maudit la voleuse. Plus jamais lui ne disposerait à nouveau d'un tel bien. Plus jamais il ne pourrait rejoindre le cercle des Immortels. Son seul horizon, à lui le serviteur du Ciel, le pourfendeur des monstres, le héros bienfaiteur de l'humanité, redevenait, comme pour n'importe quel être humain, celui de la vieillesse, de la décrépitude et de la mort.

Là-haut dans le ciel, en ce cinquième jour du cinquième mois de l'année, la lune une fois encore venait de se lever. Immense. Une lune pleine comme on la voit lorsque le *Yang*, déjà à son apogée, va peu à peu abandonner la place au *Yin* grandissant. Mais une lune claire qu'une tache sombre

obscurcissait. Une tache mystérieuse qu'on observait pour la première fois.
Abîmé dans sa douleur, Yi, plusieurs nuits de suite, regarda cette tache énigmatique, sans ciller des yeux. Il regarda si longtemps que, d'une nuit sur l'autre, les détails apparaissaient plus nettement, comme cela se fait lorsqu'on regarde attentivement au travers d'un vase transparent rempli d'eau claire. Jusqu'au moment où il vit nettement, là-haut, dans l'astre des nuits, croassant dans une sorte de marécage, un crapaud difforme, dont on ne voyait que trois pattes. Comme devenu soudainement fou, Yi l'archer partit d'un éclat de rire qui n'en finissait pas. C'était donc ça, le départ de Chang E. Elle avait dû d'abord surprendre un propos concernant la drogue d'immortalité. Elle avait dû épier pour savoir où le trésor avait été caché. Puis attendre longuement le moment propice où, profitant de son départ pour la chasse, elle avait simulé la douleur, pour s'emparer enfin des pilules convoitées.
Immortelle, Chang E n'avait plus sa place sur terre. Pour échapper à un juste courroux, elle s'était, légère comme une plume d'oiseau, envolée vers la Lune.
Mais lui, Yi l'archer, les Dieux l'avaient encore une fois entendu. La voleuse avait été punie pour l'éternité. À peine arrivée à destination, la belle Chang E s'était, par un décret céleste, transformée en un horrible crapaud bancal, sautillant dans les eaux noirâtres d'un marais.

LE LAPIN ET LE CANNELIER

La colère de Yi dura longtemps. Et pendant tout ce temps, tout le monde en convenait, la belle Chang E, sous la forme d'un crapaud à trois pattes, pataugeait dans les eaux froides de la Lune.

Puis, peu à peu, le mythe changea de forme et le crapaud céda la place au lapin. Lièvre ou lapin, comme on veut, puisque la tradition chinoise ne fait pas la distinction. Des croyances éparses s'agrégèrent. De même que la lune tire sa lumière de regarder le soleil, de même on supposait que les lapins, qui s'ébattent la nuit dans les campagnes, tiraient leur puissance génésique simplement de regarder la lune.

L'idée de fécondité a suffisamment de rapport avec l'image d'un pilon pour qu'on en vînt à affirmer que cette tache obscure dans la lune était celle d'un lapin, puni par là où il a l'habitude de pécher et dès lors condamné pour toujours à piler la drogue d'immortalité. Comment mieux assurer l'immortalité, de génération en génération, autrement que par la reproduction de l'espèce ?

Les rêveries sur la quête d'immortalité, telles qu'elles se sont épanouies avec les taoïstes, ont toujours fait la part belle à la célébration de la Lune. En témoigne cette pièce de vers, fort ancienne, où l'on voit un adepte s'adresser à un Dieu. Celui-ci s'inquiète et demande au mortel quelle est sa requête.

Je dis que je voulais marcher dans la Voie sainte
Chercher l'Unique, obtenir longue vie.

Le Dieu dit à ses commis d'obéir à mes paroles
On recueillit la drogue divine du côté
de l'arbre Jo Mou
Le lapin blanc à genoux la broya,
et le crapaud en fit une pilule
Absorbez cette drogue : les divins Immortels
vous seront accessibles

Enfin, le crapaud pour de bon disparu, le lapin finit lui aussi par laisser la place à Chang E, l'héroïne malheureuse, jeune femme solitaire, punie d'avoir avalé à elle seule toutes les pilules d'immortalité. Statut à part de la femme qui, par son exclusif pouvoir de donner naissance, assure à sa manière, dans un rapport obscur au monde, l'immortalité du genre humain.

Alors les lettrés la célèbrent et les poètes la chantent. En témoignent ces vers de Du Fu :

En buvant je pense à la solitude de Chang E
Elle endure le froid de l'automne finissant, puis celui de l'hiver

Dans l'imagerie populaire, la lune n'en finit pas d'être peuplée. On imagina que, soit crapaud, soit lapin, soit jeune femme, l'habitant de la lune reposait sous un arbre immense, un cannelier, aux fleurs blanches et aux fruits rouges, dont les feuilles, justement, étaient supposées rendre immortels ceux qui avaient la chance de pouvoir en manger. Cannelier que, selon la légende, on pourrait voir à l'automne, au moment précis de l'équinoxe.

Et comme on ne quitte pas facilement l'idée d'éternité, on en vint même, plus tardivement, à supposer que l'habitant de la lune fût plutôt un vieillard aux cheveux blanchis par l'âge. Le vieillard de la lune, Wu Gang, muni d'une hache, attaquant sans répit le tronc du cannelier. Mais, bonheur ou malheur, besogne sans fin, puisque chaque entaille se refermait aussitôt après les coups…

Quant aux poètes, qui souvent s'enivrent de vin, ils vont parfois, tel Tchang Kien, jusqu'à s'imaginer être bûcherons sur la lune :

La hache en jade blanc du mont Kouen à la main
Dans la Lune j'ai coupé le cannelier

L'Immortel qui est dans la Lune
ne s'en est pas fâché

Il m'a envoyé boire au printemps l'eau
du Tong T'ing

{...}

Goutte à goutte, mon pinceau ivre répand
son encre parmi les hommes
De nuit en nuit, le vent et le tonnerre suscitent
d'étranges lueurs

La Voie lactée

Une fois réglée la question du Soleil unique et la raison d'être des taches de la Lune, il est possible d'en venir au plus spectaculaire rassemblement des étoiles que connaît le ciel : le fleuve céleste, orienté dans le ciel du nord-est au sud-ouest, comme l'est la rivière Han pour la Terre. Dans la cosmologie chinoise, l'origine de la Voie lactée est liée au destin de deux étoiles situées aujourd'hui de part et d'autre du fleuve d'Argent : la Tisserande (Véga, de la Lyre) et le Buffle (Altaïr, de l'Aigle). Car, dans les temps immémoriaux, ces deux étoiles, au lieu d'être dans le ciel, étaient simplement des êtres vivants sur terre. Quant au Buffle, tout en se maintenant dans l'aventure, il a peu à peu cédé sa place au Bouvier, à celui qui, pauvre parmi les pauvres, le conduit dans les rizières et les champs. Si on y ajoute quelques pies sautillantes, on dispose de tous les ingrédients qui composent un merveilleux récit mythique. À condition de les disposer autour d'un thème, toujours émouvant : celui des amants désunis.

Noires et blanches, les pies chauves jacassent. En quête de quelques baies, au bord du lac, elles bondissent dans les buissons. Écoutez bien les pies qui jasent. Elles disent justement la triste histoire de la

Tisserande et du Bouvier, et au passage nous expliquent l'origine de la Voie lactée. Le Bouvier… Depuis longtemps sa mère était morte. Certes, il avait un frère plus âgé, et même, depuis que son père s'était remarié, une belle-mère. Mais Dong Yong, l'orphelin du premier lit, n'était guère aimé.

Son seul ami était le buffle. Sombre animal des labours, puissant et paisible. Un jour la bête lui parla :

– Ne reste pas dans cette maison. Abandonne ton héritage. Dis seulement que tu veux m'emmener.

Ainsi s'accomplirent les choses. Dong Yong partit avec le buffle, et alla s'installer sur le flanc de la montagne. Les jours passèrent.

– Il est temps, pour toi, dit le buffle, d'aller sur l'autre versant de la montagne.

– Qu'irais-je faire là-bas ?

– Va de l'autre côté de la montagne, sur le bord du lac…

– Sur le bord du lac ?

– Tu verras le soir sept jeunes filles se baigner. Choisis l'une d'elles, car elle deviendra ta femme.

Dong Yong se rendit avec le buffle sur l'autre versant, jusqu'au bord du lac. Il se cacha derrière les larges feuilles des mûriers et attendit longtemps, immobile, la venue du soir. Alors, l'une après l'autre, sept jeunes filles plus belles les unes que les autres descendirent lentement du ciel. Se croyant seules, comme à l'habitude, sous la lumière froide de la lune, elles ôtèrent leurs vêtements faits de plumes légères et, tout en s'éclaboussant, avancèrent en riant dans l'eau limpide.

Alors Dong Yong n'y tint plus et, se précipitant sur la rive, il s'empara de la tunique de la plus jeune, qui s'était dévêtue en dernier. Entendant du bruit, les filles revinrent et, s'habillant à la hâte, disparurent comme elles étaient venues. Seule la plus jeune, la septième, blanche comme la nacre, brune comme la nuit, ne put s'en aller. Détournant la tête, Dong Yong, tout ému, lui tendit ses vêtements. Ils échangèrent quelques mots. Tant et si bien que la prédiction du buffle s'accomplit : ils se marièrent et eurent bientôt un fils, puis une fille.

Enfin, au bout de quelques années, le buffle vint à mourir. Avant de disparaître, il dit à son maître :

– Dong Yong, il est temps. Je vais m'en aller. Avant de m'enterrer, dépouille-moi de ma peau, fais-la sécher et prends-en bien soin. Il te suffira de la mettre sur tes épaules et alors le vœu que tu prononceras sera accompli.

La colère de la Reine Mère

D'autres années, d'autres mois et d'autres jours s'écoulèrent. Mais chacun sait que dans la mythologie chinoise, ce qui se passe ici sur terre en un an ne dure qu'un instant dans la demeure céleste des Bienheureux. Quelques jours à peine s'étaient donc passés dans l'Empire du ciel depuis que la septième fille de la Reine Mère céleste avait disparu, pour épouser Dong Yong, le pauvre bouvier. Et comme au ciel, grâce au miroir magique, tout se sait, on comprit que la fille, toute céleste qu'elle fût, avait choisi de vivre avec l'homme que soudain elle aimait.

La Reine Mère céleste était très fâchée. Cette septième fille perdue était la Tisserande des nuages colorés du couchant. Sans elle, qui broderait les brocarts dont les Dieux en leurs nuages avaient besoin ? Sans elle, qui tisserait les rouleaux de soie qui servaient de monnaie d'échange ? Sans elle, qui lancerait la navette du céleste métier ?

La colère était grande surtout parce que, selon la loi éternelle, jamais le monde d'En Haut ne doit se mélanger au monde des humains. La Tisserande avait gravement contrevenu à cette règle. Il fallait la faire revenir d'urgence. On dépêcha les généraux du ciel qui eurent tôt fait de ramener par la force la malheureuse.

Le soir, après une formidable bourrasque où le Dieu du Tonnerre s'était déchaîné, lorsque le bouvier put enfin revenir à son logis, il constata que la maison était vide. Le métier à tisser était brisé, les navettes dispersées, les soieries bousculées. La chambre elle-même était en désordre, comme une pièce peut l'être à la suite d'une rixe. Alors, cherchant en vain de tous côtés, le bouvier aperçut au pied du lit les chaussons minuscules de son épouse. Il vit aussi ses deux enfants, muets de saisissement, qui regardaient tristement vers le ciel chargé de nuages menaçants. Dong Yong comprit ce qui s'était passé.

Il plaça chacun de ses jeunes enfants dans un panier qu'il accrocha aux extrémités d'une palanche, jeta sur ses épaules la peau du buffle, et, s'élançant en courant, fit le vœu de reprendre aux Dieux jaloux celle qu'il aimait.

D'abord il bondit de nuage en nuage. Puis, grâce à la peau du buffle qu'il porte sur ses épaules, et malgré la nuit tombée, il parcourt près de la moitié du ciel. Il est sur le point de rattraper son épouse. Mais la Reine Mère s'en aperçoit. Alors elle tire de son chignon une épingle d'or, et d'un trait immense déchire la voûte céleste.

Ainsi naquit la Voie lactée, tandis que la Tisserande et le Bouvier, chacun d'un côté de la grande rivière d'argent, furent transformés en étoiles. Jamais ils ne purent se rejoindre. Comme l'écrit, nostalgique, le poète anonyme :

Hauteur, l'étoile du Bouvier
Blancheur, la Dame au bord du fleuve

(…)
Le fleuve est clair et peu profond
Entre eux, bien faible est la distance
Présence, un cours d'eau s'interpose
Regards, on ne peut se parler

Mais on dit aussi que les Dieux de l'Empire céleste s'émurent de cette situation. Ils acceptèrent qu'une fois par an, le septième jour du septième mois, dans le jeu incessant du firmament, les étoiles du Bouvier et de la Tisserande se feraient face. On dit même que les pies célestes, le septième jour du septième mois, s'assemblent pour former un pont par-dessus le fleuve céleste et permettre ainsi au Bouvier et à la Tisserande, pour la durée d'une nuit, de se retrouver.

Et c'est peut-être pour punir les oiseaux trop complaisants que les Dieux, sur le sommet du crâne, les ont déplumés. À moins que chauves en juin, les pies portent sur leurs têtes, seulement, l'usure des pas des amants qui s'unissent.

Naissance et constance du mythe

Dans toutes les civilisations, le long ruban d'étoiles qui forme la Voie lactée fascine l'observateur. Et l'œil scrutant tout autour, on ne peut manquer d'avoir le regard attiré par Véga, la plus brillante d'un groupe de trois étoiles situées dans la constellation de la Lyre. Les astronomes, cherchant des régularités dans le ciel, remarquèrent qu'au septième jour du septième mois lunaire, face à Véga, et de l'autre côté du fleuve céleste, à l'ouest, se trouvait un autre groupe d'étoiles situées dans la constellation du Capricorne. Ils y distinguèrent l'« étoile du Bœuf mené à la corde », appelée aussi l'« étoile d'or du Buffle ».

Pendant ce temps-là, sur terre, les travaux paysans se répartissaient pour l'essentiel entre le labourage et le tissage, tâches le plus souvent distribuées entre les hommes et les femmes. Et comme il faut bien que les actions humaines soient placées sous l'autorité du Ciel, on attribua la divinité des travaux féminins du tissage à cette étoile si brillante, Véga, qu'on appela la « Tisserande ». Quant au septième mois de l'année, on le choisit sans doute parce que c'est justement le moment où l'on cueille les feuilles de mûrier pour nourrir les vers à soie dont, plus tard, on tissera les fils. C'est la fête des Tisserandes, qui deviendra, au décours du temps, plus largement encore celle de l'Amour.

Cent versions différentes reprennent le thème ancien de l'amour de la Tisserande et du Bouvier. Avec, à chaque fois, des variations. Tantôt la Tisserande, après avoir épousé le Bouvier, délaisse sa tâche céleste, et c'est pour la punir de sa négligence que l'Empereur du Ciel la sépare de son époux. Tantôt la Tisserande, enlevée par un humain, s'en trouve séparée par la volonté des Dieux qui refusent qu'une créature du monde céleste succombe aux charmes du monde des humains. Tantôt la Tisserande, ouvrière aux doigts d'or relevant tous les défis, est envoyée pour secourir, puis récompenser un homme qui a fait preuve d'une parfaite piété filiale.

Le plus souvent, comme il se doit, l'amour rapproche l'héroïne et le héros que par ailleurs tout sépare. Mais, dans une des versions, c'est l'héroïne elle-même, pour se séparer d'un mari qui ne l'aime plus, qui cherche à gagner le Ciel.

Presque toujours la peau du buffle, écorché après sa mort, a une fonction magique. Mais des objets jouent parfois un rôle dans une version et sont absents dans les autres : une navette de pierre, une corne de buffle, l'anneau de fer qu'on place à l'extrémité de son museau, qui, lancés dans l'espace, forment autant de petites étoiles.

Qu'importe! À chaque fois la fin est tragique, Tisserande et Bouvier, à cause de leurs amours impossibles, seront séparés pour l'éternité et, transformés en étoiles, ne se retrouveront que le septième jour du septième mois. À chaque fois, d'un terrible coup d'épingle, d'or ou d'argent, la Reine Mère du Ciel déchire la voûte du Ciel et, pour le malheur des amants mais le plaisir de nos yeux, donne naissance au Fleuve argenté.

Comme le dessine le pinceau du poète T'sin Kouan, célébrant la retrouvaille saisonnière des amants :

Sur le fleuve d'Argent, large à perte de vue,
une furtive traversée
Sous le vent d'or et la rosée de jade,
cette simple rencontre
Surpasse infiniment l'expérience des hommes

Un tel amour semble une eau caressante
Ces rendez-vous sont aussi beaux qu'un rêve
Qu'il est dur de songer au pont des Pies,
le chemin du retour !

Fuxi, le premier des trois Augustes

Il est, selon les mythes d'origine, un temps immémorial où les hommes vivaient en familiarité avec les bêtes, témoignage obscur de notre lointaine identité animale. Aussi toute généalogie remonte-t-elle inévitablement vers eux.

En parcourant le chemin inverse, qui s'éloigne du monde primitif pour aller vers les temps historiques, la pensée chinoise a posé, comme autant de bornes, les figures successives des trois Augustes (Fuxi, Nügua, Shennong), puis celles des cinq Empereurs.

Fuxi est le premier des trois héros civilisateurs. Pour bien le connaître, il faut revenir aux animaux. Car, d'abord, il y a les bêtes. Celles de l'eau, comme la tortue. Celles qui sont à la fois aquatiques et terrestres, comme le serpent. Celles plus extraordinaires encore qui naissent de l'eau, bondissent sur terre et sont capables de s'élever dans le ciel, comme le dragon. Un Auguste se doit de participer à tout cela. C'est un composé de toutes ces bêtes. Ce qui explique la description que les textes font de Fuxi : dents de tortue, corps de serpent, lèvres de dragon. Mais ces êtres qui enseignent aux hommes ne peuvent le faire que parce que, par certains aspects, ils sont déjà proches de l'humaine condition. Ce qui se voit essentiellement au visage. Ainsi Fuxi a-t-il une face humaine. Et comme les hommes tirent de ses inventions un savoir neuf qui marquera le début de la civilisation, on lui donne d'emblée tous les attributs de la sagesse, à savoir ceux du grand âge, autrement dit des sourcils blancs et une barbe qui tombe jusqu'à terre.

Plus archaïques, plus majestueux, plus terribles encore que les bêtes sont les éléments immortels et divinisés. Les Augustes, mi-hommes, mi-bêtes, sont en familiarité avec eux puisque ce sont leurs propres ancêtres. Ainsi Fuxi a-t-il pour père le Tonnerre.

Comme il convient, sa naissance est miraculeuse. Les versions en sont multiples. Sa mère, Huaxu, le conçoit en marchant sur des traces géantes de pas, alors qu'elle sort d'un bain pris dans le lac du Tonnerre. Ou bien encore, elle le conçoit au cours d'une promenade au sommet d'une île, entourée d'un arc-en-ciel, où la couleur verte (celle de l'Est) domine. Puis accouche douze ans plus tard, selon le temps de la révolution de Jupiter.

D'autres versions prétendent que sa mère le conçoit par l'effet d'un bâton flottant, ou encore qu'elle le met au monde dans un marais célèbre par les dragons qui le hantent. On la nomme parfois l'Ondine des Neuf Fleuves. Quelles que soient les traditions, elles sont toujours en rapport plus ou moins manifeste avec l'eau. Ainsi, de son mariage avec Nügua, il eut une fille qui, plus tard, mourut dans la rivière Luo, dont elle fut nommée Déesse.

L'humanité lui doit les grandes inventions qui fondent les civilisations. Sur les deux versants. Celui du masculin, avec le feu pour cuire les aliments – maîtrise d'un élément naturel qui permettra ultérieurement le travail des métaux liés à la forge. Et celui du féminin, avec les filets. En effet, les araignées, tissant leurs toiles et servant à Fuxi de modèles, sont le symbole des activités féminines, même si ces filets servent aussi à la chasse, pratique sociale réservée aux hommes.

Avec le filet, et toujours grâce à lui, on n'est pas loin des cordelettes qu'on noue, instrument de mesure, de comptage, permettant d'inscrire matériellement sur un même support la trace d'événements successifs relevant d'un registre identique. Donc forme manifeste de mémoire, sinon d'écriture primitive.

Avec Fuxi s'ouvre aussi une première tentative d'interpréter la nature, puisqu'on lui doit l'invention du trigramme, figure strictement abstraite composée d'une série de trois traits – soit des traits longs, soit des traits courts. Une combinatoire très simple permet la construction de huit trigrammes, huit figures qui ne diffèrent les unes des autres que par la position particulière et la nature des traits qui les composent.

Il est possible de placer deux trigrammes l'un au-dessus de l'autre et de former ainsi des figures à six traits, des hexagrammes.

La combinatoire se complique alors jusqu'à constituer soixante-quatre dessins différents. C'est en se tenant au sommet d'un tertre carré, comme s'il officiait à un autel, qu'écoutant attentivement, Fuxi interpréta les huit vents, venant chacun d'une direction, et dessina les trigrammes qui leur appartenaient en propre. C'est de cette orientation du monde – de sa mise en ordre – que naît la possibilité de l'interpréter. À chaque vent son orient, sa saison, sa note et son trigramme. Ainsi se succèdent précisément les huit saisons et les huit trigrammes, en résonance avec toutes les autres composantes du monde. Ce sont ces hexagrammes rassemblés et ordonnés, dont les interprétations s'accumulent tout au long de l'histoire, qui formeront le *Yi King*, livre premier de la divination chinoise.

Un homme qui écoute et en tire des signes ne saurait manquer d'avoir l'oreille musicale. Aussi on lui attribue la création de chants propres aux régions méridionales. Encore faut-il pouvoir les accompagner d'un instrument. On le dit également l'inventeur d'une cithare, à la forme longue et horizontale, de moins de vingt-cinq cordes.

C'était le temps béni où il y avait encore une communication entre la Terre et le Ciel, grâce à un arbre dressé, le *Jianmu*, qui joignait les deux mondes et auquel Fuxi, être mythique, savait grimper pour passer d'un domaine à un autre.

On peut comprendre que, pour tout ça, les Dieux souhaitèrent apporter leurs remerciements. Ils le firent en donnant à Fuxi, suprême récompense, la position d'un Dieu gouvernant les choses de l'Ouest. Dès lors sa saison est celle du printemps, sa couleur le vert, et son trigramme *Zhen.* Plus tard, dans le panthéon chinois, son nom devient *T'Ai Hao*, le « Grand Éclat ».

Nügua, la femme sœur

Cette femme est le deuxième des trois Augustes. On la connaît déjà par la façon merveilleuse dont, endiguant les eaux débordées, elle rétablit l'ordre après la révolte de Gonggong.

Comme Fuxi, dont elle est la sœur (et peut-être même l'épouse incestueuse), Nügua a des affinités avec l'eau. Aussi on lui attribue un corps de serpent et un visage humain. On en fait une Déesse de l'Eau bienfaisante, autrement dit de la Fécondité, mais aussi bien on lui sacrifie pour que s'arrêtent les pluies incessantes. Dans certaines régions, elle est associée aux grenouilles qu'on fait figurer sur les tambours de pluie.

On ne lui doit aucune invention, si ce n'est, peut-être, l'anche de l'orgue à bouche. Mais elle est associée à Fuxi dans un mythe comparable à celui du déluge, et où le Tonnerre, encore lui, allié à la pluie et dont le grondement annonce le printemps, joue un rôle important.

Donc le seigneur Tonnerre (dans certains mythes il est appelé *Hesong*), Dieu particulièrement terrible, vient sur terre. Mais un homme (appelé parfois *Hebi*, le seigneur des Plantes) parvient à s'en emparer et l'enferme dans une cage. Privé d'eau, le Tonnerre perd peu à peu ses forces. Obligé de s'absenter, le père donne ses instructions à ses enfants : en aucun cas ne lui donner à boire, même s'il réclame.

Mais l'homme, une fois parti, le Tonnerre gémit si lamentablement, il paraît si malheureux que le frère et la sœur prennent pitié et finissent par lui donner un peu d'eau. À peine a-t-il bu une gorgée que le Tonnerre, ayant repris des forces, brise sa cage. Pourtant, avant de parcourir la Terre et semer le malheur, il donne aux enfants quelques graines de courge ou de melon qu'il leur demande de planter. Puis, le Tonnerre étant libéré sous forme d'un formidable déluge, des pluies incessantes se mettent à tomber et submergent tout. Bêtes et gens sont noyés par milliers. Les deux enfants, ayant évidé la courge qui vient de pousser, y trouvent refuge et, seuls au-dessus des flots, échappent au désastre. On l'aura deviné, les deux enfants sont Fuxi et Nügua. Par leur étourderie, ils ont provoqué la disparition de l'humanité. Pour qu'elle puisse renaître, en générations successives, frère et sœur acceptent d'être mari et femme.

Aussi sont-ils souvent figurés comme un couple primordial, chacun avec une tête et un buste humains, mais avec des corps de serpents enlacés par l'extrémité. Fuxi tient une équerre, symbole masculin, et Nügua un compas ouvert, symbole féminin. Ou, plus évident encore, Fuxi tient dans sa main un soleil contenant un oiseau, et Nügua la lune contenant un crapaud. Prenant le pouvoir après Fuxi, elle reçut le nom de Nüxi.

Shennong, le laboureur

Les deux premiers Augustes, Fuxi et Nügua, indissolublement liés, sont les premiers bienfaiteurs de l'humanité. Familiers des éléments, ils assurent à l'homme la maîtrise du feu et de l'eau. Le troisième Auguste, Shennong, est considéré comme le laboureur divin. Aussi on le représente certes avec un corps d'homme, mais aussi avec une face de buffle, tandis que sa naissance est marquée d'événements extraordinaires :

Lorsqu'il naquit, neuf puits se creusèrent d'eux-mêmes. On tira de l'eau de l'un d'eux, dans tous les autres l'eau s'agita.

Avec lui vient le temps où les hommes, quittant le nomadisme, s'installent et, grâce au buffle domestiqué, tirant l'eau des puits et creusant inlassablement les sillons, cultivent les terres défrichées. Grâce à lui l'époque est révolue où les hommes se nourrissaient d'herbes folles et de grillons, cueillaient au hasard les fruits des arbres, mangeaient sans les connaître les coquillages. Finis les empoisonnements passagers ou mortels liés à l'ingestion hasardeuse de plantes toxiques. Non seulement Shennong enseigne aux hommes l'art de semer les céréales, mais il leur apprend aussi à reconnaître la douceur et l'amertume des sources, à goûter la saveur des plantes, à séparer le bienfaisant du nuisible. C'est avec lui que se distinguent les six goûts : le sucré, le piquant, le salé, l'amer, le fade, l'acide.

Les Dieux l'accompagnent dans cette tâche et lui envoient le passereau rouge (aux couleurs du Sud), tenant en son bec neuf épis de céréales à partir desquels tous les hommes seront nourris. Mais Shennong paie aussi de sa personne. Il fabrique des drogues pour donner aux hommes les contre-poisons nécessaires pour combattre les venins. Il goûte celles qu'il conserve dans les chaudrons, jusqu'à en mourir, puisque la légende rapporte qu'il finit sa vie en ingérant soixante-dix plantes vénéneuses dont il goûtait les saveurs.

Mais les champs se gagnent sur la brousse qu'il faut dégager à la hache et à la cognée, les champs se labourent avec des socs, et il faut aussi, pour les entretenir, des houes et des binettes. Tout cela ne se peut qu'avec la maîtrise du feu et la cuisson réglée des fours, nécessaires à la fonte des métaux. Shennong en est à la fois le maître et celui qui, l'enseignant aux hommes, en fait des êtres encore plus humains.

Dans la tradition chinoise, l'alimentation est une forme de médecine préventive : en tenant compte du *Yang* et du *Yin* propres aux aliments, on respecte l'équilibre du corps et on prévient telle ou telle maladie. En étant le père de l'agriculture Shennong est aussi le fondateur de la médecine, à tel point qu'un livre *(La Pharmacopée de Shennong)* rassemble son savoir.

Enfin, dans la tradition du héros civilisateur, Shennong est réputé l'inventeur du luth. Lui aussi, pour tous les bienfaits qu'il apporte aux hommes, est récompensé par les Dieux qui lui attribuent l'Empire du Sud, lié au Soleil, dont le temps est l'été et la couleur emblématique le rouge. À ce titre, il porte aussi le nom de *Yandi*, l'« Empereur rouge ».

Huangdi, l'Empereur jaune

Voici venir le temps des cinq Empereurs. Nous ne parlerons que du plus ancien d'entre eux, Huangdi, auquel succèdent Gaoyang, Gaoxin, Taotang et Yuyu. C'est l'Empereur jaune, dont la couleur dit l'appartenance à la Terre, au centre, sans doute parce qu'on le considère comme le premier créateur de l'unité chinoise, l'unificateur des tribus réparties dans l'espace du fleuve Jaune.

Ce sont des temps mythiques, que les poètes magnifient, à l'instar de Li Shangyin :

Comment pourrions-nous aspirer à
égaler les trois Augustes et les cinq Empereurs ?

Nous sommes dans une période intermédiaire, qui nous fait passer de la stricte mythologie (les trois Augustes) à l'histoire proprement dite (les trois dynasties), avec Yu, fondateur des Xia, Tang, fondateur des Yin, Wen, fondateur des Zhou. Les événements relatés, concernant ces cinq Empereurs, restent empreints du merveilleux mythologique et on ne sait pas toujours si les personnages évoqués vivent au ciel ou sur la terre. Pourtant une biographie de Huangdi figure bien dans les premiers chapitres des *Mémoires historiques (Shiji)* de Sima Qian : il aurait vécu cent ans, entre 2697 et 2598 av. J.-C., bien que cent ans ne soient en rien un décompte exact, mais plutôt une simple manière de dire que, parce qu'il était très important, il vécut naturellement très vieux. De même on fait de Huangdi l'auteur du plus ancien ouvrage de théorie médicale – que les taoïstes considèrent même comme le premier écrit de leur tradition –, les *Questions simples de l'Empereur jaune (Neijing suwen)*.

Mais tandis qu'avec Fuxi, Nüwa et Shennong on a des héros civilisateurs et pacifiques, avec Huangdi on dispose du personnage farouche du guerrier. Il n'est plus, comme ses prédécesseurs, en rapport avec les éléments (l'eau, le feu), mais avec les animaux sauvages. C'est un dompteur qui subjugue les ours, les tigres et les lynx, tout comme il terrasse ses adversaires humains par la violence d'une guerre sans merci, détournant contre eux la férocité brute des animaux qu'il a soumis et qu'il conduit le premier à la bataille.

Son pouvoir est cependant disputé, et il ne l'emporte que de haute lutte. D'abord il combat contre son propre frère Shennong – *alias Yandi*, l'« Empereur rouge ». Et c'est seulement au bout de trois affrontements, et au prix de bains de sang, qu'il parvient à l'emporter.

Ensuite il combat Chi You, seigneur puissant qui refuse de faire soumission. Huangdi lève des troupes auprès de tous ses vassaux. Après mille et un combats extraordinaires, perdant d'abord les batailles, puis triomphant enfin en gagnant la guerre, il s'empare de Chi You et le met à mort. Mais, craignant qu'il ne s'échappe, l'Empereur le fait décapiter en lui laissant sa cangue, lourde pièce de bois qui enserre le cou du prisonnier. Aussi la tête de Chi You est-elle coupée au niveau de la bouche, les deux mâchoires exactement séparées. C'est ce dessin horrible – une tête ailée sans mâchoire inférieure – que l'on voit aujourd'hui sur des bronzes anciens, figure terrifiante destinée, dit-on, à effrayer les démons.

Fêtes et calendrier

Ah ! qu'il est doux, le temps jadis... Ces moments anciens sont souvent présentés par les Sages comme une saison bénie où régnait la vertu supérieure. C'est le temps idéalisé des petites communautés villageoises et non des empires, d'une vie fruste et non des excès de la civilisation, de la vérité et non du mensonge. Tout ce qui suit n'est plus que lente et inévitable corruption. À l'époque immémoriale de Fuxi, Nüwa et Shennong, le philosophe Tchouang Tseu prétend que les hommes trouvaient savoureuse leur nourriture, beaux leurs vêtements, agréables leurs coutumes :

D'un territoire à un autre les gens pouvaient s'apercevoir, entendre le chant des coqs et l'aboiement des chiens ; ils mouraient de vieillesse sans être jamais entrés en contact. En ce temps-là régnait un ordre parfait.

C'est là une vraie sagesse qui, loin du monde et de ses tumultes, ne s'encombre pas du vain souci de la gloire.

De ces temps d'autrefois nous avons encore témoignage dans les fêtes d'aujourd'hui. Placées dans le calendrier le plus souvent selon un rythme lunaire, elles font référence à des cultes anciens, elles disent les forces naturelles et les Dieux imaginés à l'origine du monde. C'est le rythme des saisons qui commande et met en scène les astres, matière première de toute cosmologie. Tout tourne, en réalité, autour du soleil et de la lune.

La première fête est celle dédiée au Nouvel An, qui correspond à un jour situé, approximativement, entre le 15 janvier et le 15 février. Elle agrège toute une série de célébrations plus archaïques. Le point de départ est le moment du solstice d'hiver *(dongzhi)*, à partir duquel les jours à nouveau allongent, ce qui annonce l'arrivée du printemps. Dans la tradition paysanne, on y célèbre le soleil.

C'est le moment où s'ouvre la période des quatre-vingt-un jours de grand froid :

Les saules qui pendent devant la cour
et les plantes florissantes attendent le vent
du printemps.

Trois jours après le solstice, on manifeste son respect à l'égard des ancêtres et des Dieux qui gravitent autour du foyer, les différents Dieux des ouvertures : la porte, les fenêtres, l'auvent, le puits. On prépare des plats de légumes et de soja à l'intention du Dieu du foyer. On s'ingénie même à lui préparer la nourriture la plus collante possible pour qu'il ait quelque difficulté à articuler son rapport annuel, et verbal, auprès de l'Empereur céleste, sur les fautes commises par la maisonnée. Quelques jours plus tard, on offre une bouillie de haricots rouges aux génies de la maison. On se prépare à accueillir le printemps en nettoyant la maison de fond en comble, en changeant les images des Dieux des Portes, en accrochant des effigies de Zhong Kui, dominateur des démons, en collant des bandes de papier rouge portant des caractères fastes ou des sentences parallèles.

Mais la fête des fêtes, c'est le 15 du premier

mois lunaire, correspondant à la pleine lune : la fête des Lanternes, durant trois jours et trois nuits, où, dans l'allégresse et l'effervescence, on s'enchante de sortir dans les rues pour admirer les illuminations plus belles les unes que les autres et pour déguster quelques beignets. Chacun rivalise en matière de décoration : lampions multicolores de toutes formes, rideaux de perles, broderies. Musiciens et danseurs parcourent les rues tandis que naissent les premières rencontres amoureuses. C'est à l'origine une cérémonie d'offrandes à l'Unité suprême, même si une tradition plus récente voit en ces trois jours une célébration de Bouddha.
Une autre fête lunaire a lieu le quinzième jour du huitième mois, au moment où le *Yang* décroissant laisse de plus en plus la place au *Yin* croissant, temps proche de l'équinoxe d'automne. Pour faire écho à la légende de Chang E, l'épouse malheureuse de Yi l'archer, aujourd'hui encore, à cette date, on mange des gâteaux de Lune *(yuebing)*, sucrés ou salés :

De petites galettes comme si on goûtait à la Lune
L'intérieur est à la fois croustillant et doux

On allume des lanternes en forme de lapins, on mange des fruits à pépins, gage de descendance.
Le Soleil, quant à lui, est surtout fêté au neuvième jour du neuvième mois :

D'année en année, on fête le Double-Neuf
{...}
À chaque année son lot de fougueux
vents d'automne
Bien peu semblables aux lumières du printemps
Mais qui surpassent les lumières du printemps
Quand sur l'immensité du ciel et du fleuve,
ils tendent mille li de givre

Comme on le devine, le chiffre neuf, impair, est un chiffre *Yang*, et, de surcroît, le dernier des chiffres *Yang*. De même le neuvième mois est-il *Yang*. En choisissant de célébrer le jour de ce mois, on se trouve dans la configuration la meilleure, celle d'un double *Yang (chong Yang)*. On monte sur les collines, on y pique-nique, on mange des grenades, des châtaignes, des gâteaux parfumés, on joue du luth, on chante des poèmes, on écarte pour les mois d'hiver les calamités possibles. On met des xanthoxylums dans les cheveux, on vide des coupes de vin dans lesquelles ont macéré des pétales de chrysanthèmes, fleurs qui passent pour prolonger la vie.

Se protéger des démons

Une fois né, le monde va son train, selon ce rythme alterné où *Yin* et *Yang* sont éternellement associés. Immobile, sommet de l'axe du monde, l'Étoile polaire. S'élevant, disparaissant et renaissant, le Soleil et la Lune fêtés lorsqu'ils reviennent, fêtés aussi lorsque, selon les saisons, ils sont près de disparaître.

Mais cette formidable régularité du monde ne doit pas faire oublier les menaces qui pèsent sur l'homme (et seulement sur l'homme). Toujours dangereuses, souvent fatales, toujours prêtes à renaître. Il convient de s'en protéger. Elles font partie du tableau cosmogonique. On pense constamment à elles et on établit des dates pour collectivement les conjurer. Il s'agit des pestilences, terme qu'il faut entendre au sens fort : non seulement ces odeurs épouvantables que produisent les terres en décomposition dans les marais, mais plus encore ce qui provoque la peste et donc, à brève échéance pour des milliers et des milliers d'êtres, la mort.

Le jour le plus important redouble le cinq du cinq. On aura aisément traduit : le cinquième jour du cinquième mois lunaire *(duanwu)*, appelé aussi tout simplement le « mois du poison ». Avec ce jour, dont la date change selon les variations de la lunaison, on arrive presque au solstice d'été, moment paroxystique des forces vives, mais également époque d'intensité pour les pestilences représentées par cinq animaux supposés plus ou moins venimeux : le mille-pattes, le serpent, le scorpion, le lézard et le crapaud.

On s'en protège avec des charmes du Maître céleste, l'une des divinités taoïstes, des images de Zhong Kui, dominateur des démons. On suspend aux fenêtres de l'armoise et du jonc dont les tiges pointues sont censées repousser, comme autant d'épées, les mauvais esprits. On accroche au cou des enfants des amulettes à parfum, contenant de la poudre d'absinthe, de l'encens, du camphre, du réalgar, dont les odeurs fortes sont propices à apaiser les effets débilitants de la canicule et à repousser les miasmes. Ou encore, suspendues à des fils rouges, de petites broderies en forme de tête de tigre – le tigre étant par excellence l'animal dévoreur des esprits malfaisants.

Toute l'année est marquée par ce rejet des pestilences : lors de la fête du printemps, lors des fêtes du solstice d'été. C'est aussi le cas de la fête du Double-Neuf. À chaque fois, on fait du bruit, on fait partir des pétards, on pose des branchages secs devant les portes pour être alerté au cas où des diables s'aventureraient, on joue du tambour, on fait tourner des crécelles.

Les démons infernaux, les âmes errantes de ceux qui n'ont pas été enterrés sur leur terre natale, les renardes belles et cruelles, hélas, ne sont jamais bien loin.

Les secrets de la tortue
L'écaille et le mystère des nombres

Des éléments grandioses du décor ornant la terrasse des palais de la Cité interdite jusqu'aux statuettes qui sommeillent dans les arrière-boutiques des antiquaires, il n'est rien de plus commun, pour ce qui concerne la Chine, que le serpentaire au long cou, juché sur la carapace d'une tortue.

Rencontre de l'oiseau, élément céleste, et de la tortue, élément terrestre. L'un suggérant le haut, ce vers quoi nous aspirons secrètement à nous envoler, l'autre le bas, ce qui nous attache lour-

dement à la permanence terrestre. La tortue, s'enfouissant l'hiver dans le sol pour réapparaître, la même, chaque printemps, symbolise le cycle du temps, et plus encore la continuité du monde, car on la suppose douée d'une longévité peu commune, proche de l'idée vague que nous nous faisons de l'éternité.
Cette tension, on la retrouve dans l'imagerie populaire dépeignant l'enlacement du serpent et de la tortue. Affrontement qui, nul ne pouvant espérer l'emporter, tourne vite à l'alliance de l'élément terrestre (la tortue) avec l'élément aquatique (le serpent). C'est que la tortue, qui porte le monde, au prix de ses pattes coupées, afin qu'elle ne songe point à nouveau à se mettre en marche, est aussi un animal de l'eau. C'est de l'eau d'une rivière, lieu fécondant toute vie, qu'elle sort, luisante, portant sur sa carapace, comme un secret à déchiffrer, les nombres magiques.
En rapport privilégié avec le sombre et l'obscur, c'est d'elle pourtant que nous vient toute lumière sur notre destin. Elle est par excellence l'objet que manipulent les devins – le réceptacle dans lequel on jette les dés. La carapace, jadis sacrifiée au cours de grandes cérémonies rituelles, se fendille au feu selon les marques préparées à l'avance. La forme, bombée ou plate, dit en retombant si c'est oui ou non, faste ou néfaste.
C'est au plus secret de nous, dans la ronde des animaux symboliques qui nous protègent, que la tortue, enlacée par le serpent, a sa place. L'ordonnancement scrupuleux des viscères et des réceptacles lui confie tantôt le soin de présider au fonctionnement des reins, tantôt à celui de la vésicule biliaire.

Plus prosaïquement, sa figuration en Guerrier sombre écarte à tout jamais les démons malfaisants.

L'ALLIANCE DU DRAGON ET DE LA TORTUE

Tout commence avec Gun, petit-fils de l'Empereur céleste, et la pitié qu'il éprouve pour les hommes victimes des inondations. Pour tenter de les sauver, et malgré l'interdit impérial, il vole le *Xi Rang*, terre magique capable par sa seule vertu de se reproduire indéfiniment. Aussi, parce qu'il est coupable de désobéissance, l'Empereur ordonne-t-il son exécution. Et trois ans après sa mort, alors que son corps, jeté au sommet d'une montagne, exposé aux bêtes sauvages et aux corbeaux, n'est toujours pas décomposé, on ouvre son ventre avec un sabre affilé : il en sort Yu, qui deviendra un grand Sage.

Yu, fils de Gun, poursuit la lutte malheureuse de son père contre les inondations qui ne cessent de ravager le pays.

Il ne s'agit pas pour lui simplement de s'opposer à la montée des eaux et d'endiguer les flots. Dialecticien avant la lettre, il conçoit qu'il faille aussi favoriser son adversaire et créer d'immenses canaux permettant aux masses liquides de trouver leur chemin. Pour creuser, il passe alliance avec un dragon qui le précède et qui trace de sa queue les futurs canaux. Pour endiguer les flots, il dispose d'une tortue noire qui le suit et porte sur son dos le *Xi Rang*, la terre fameuse.

Il arpente la Chine en tous sens, et, sans jamais prendre un seul moment de repos, au prix de mille et une peines surmontées, perce les montagnes, aplanit les escarpements, aménage la terre et les eaux.

YU, LE MAGICIEN

Mais, chaque nouvelle inondation le prouve, ce qui menace inéluctablement revient.
Une fois encore l'étendue liquide avait tout submergé. Aussi loin qu'on portait le regard, la courbe grise de l'horizon s'élevait en vapeurs incertaines. Les masses d'eau bouillonnantes charriaient pêle-mêle les carcasses gonflées des buffles, les troncs des arbres tourbillonnant comme des fétus de paille, les lianes immenses arrachées aux terres vacillantes.
Plus près s'échouaient, mais pour quelques instants à peine, des cadavres humains et des débris d'habitations. Puis tout disparaissait à nouveau dans un torrent de boue monstrueux qui s'échappait sans relâche des rives. Les éclairs, par à-coups brusques, zébraient les pluies incessantes. Tout recommençait sans fin dans l'éclat répété des grondements et des bourrasques.

Terrible comme un dragon jaune, Yu le Grand, fils de Gun et de Hua Xua, la Déesse aux Neuf Rivières, arriva à cheval au bord de Luo, car tel est le nom du fleuve débordé, tandis que les arbres et les rochers hurlaient dans le vent. Déjà il avait vaincu en des combats anciens Gonggong, le monstre des eaux sombres, déjà il avait creusé des canaux par centaines et construit des digues par milliers. Déjà, héros légendaire, il avait maîtrisé le fleuve Jaune et ouvert, à Longmen, une passe pour le fleuve Bleu. Yu le Grand, que le pinceau de Wou Lai, le poète, plus tard célébrerait :

C'en est fini des héros de jadis :
seuls se dressent les tertres jaunes
Ne pensons qu'aux travaux qui depuis dix mille
ans ont réglé les cours d'eau
Je veux lever ma coupe à la gloire du divin Yu

Yu saute de sa monture et la terre tremble jusqu'au ciel lorsque ses pieds inégaux touchent le sol. De sa main droite il fiche sa lance et de la gauche saisit son arc. Puis, tournoyant, il esquisse un pas de danse. Alors les flots s'apaisent. La pluie cesse.

Peu à peu, même, les nuages reculent et abandonnent la voûte céleste. Autour du Boisseau du Nord les étoiles recommencent à briller. La lune, claire comme un miroir, se lève enfin. Toute la nuit, Yu, prosterné vers le sud, médite. Au petit matin, alors que blanchit l'aurore, de nouveaux souffles apparaissent, des corbeaux montent vers le ciel en tournoyant, tandis que les pies jacassantes sautillent autour du Sage. Yu se lève. Il tire son épée et se dévoue : il empoigne sa chevelure, la coupe d'un geste large et la jette dans le fleuve. Il rogne ses ongles et les disperse dans l'eau frémissante. Une semaine entière, sans dormir, il reste sur la rive. Jour après jour le soleil se lève et assèche lentement les terres boueuses. Les eaux peu à peu s'éloignent et s'apaisent. Les rideaux d'arbres sur les collines bordent à nouveau les lointains. L'horizon se dessine tandis que les oies sauvages volent haut. Les bambous et les saules se mettent à reverdir. Les villageois reviennent et s'installent avec leurs porcs, leurs coqs et leurs chiens.

La partie d'échecs

Tout revient dans l'ordre. Alors Yu le Sage nourrit son cheval, l'attache, puis, épuisé par ses longues veilles, étend sa natte et s'endort.

Il fait un rêve. Il est au palais impérial, où l'Empereur du Ciel qui l'a convoqué le prie de jouer avec lui une partie d'échecs. Mais, chose surprenante, dans ce rêve tout est immense. Comme le dit le poème :

Les pièces sont le Ciel, l'échiquier la Terre
Les couleurs Yin et Yang le jeu de l'Univers

L'Empereur en personne, assis sous son dais, incarne le roi blanc. Lui, Yu, cavalier en grandeur réelle, est au milieu de l'échiquier sur son propre cheval noir, celui qui l'a conduit au bord de la rivière. Mais c'est son destrier plus que lui-même qui commande les mouvements.

Et voilà que tout d'un coup le Ciel et la Terre se rapetissent, et voilà que tout à coup l'échiquier n'a plus que neuf cases. L'Empereur du Ciel, on ne sait pourquoi, a disparu. Déjà, en trois bonds, le cheval a parcouru tout l'espace qui l'emprisonne. Toujours en trois bonds, il est contraint de revenir en arrière. Un espace très court devant lui, puis une voie droite et dangereuse s'ouvre soudain : la diagonale du fou. À nouveau un espace très bref, puis par deux fois le cheval accomplit, mais cette fois plus lentement, comme à l'exercice, les pas qui sont les siens. Au moment où il s'éveille, Yu comprend que, case après case, tout l'espace de l'échiquier a été parcouru.

Sans doute sont-ce les premiers rayons du Soleil qui viennent, en frappant son visage, réveiller Yu, le grand arpenteur. À moins que ce ne soient les murmures de l'eau qui, doucement, heurte la rive. Les bambous s'agitent, les saules frémissent. La surface de l'eau semble onduler sans raison. Dans l'entre-deux de la rivière une masse grise et brillante peu à peu se dessine : une tête trapue aux yeux écarquillés, un cou court mais puissant, une patte maladroite et puis une autre. Une tortue énorme grimpe le talus et s'arrête aux pieds du Sage.

Piaillant et riant, les enfants s'en approchent et grimpent sur son dos. Les villageois s'exclament et pensent que c'est là un signe du ciel et qu'il faut sans attendre sacrifier la bête aux Dieux de la rivière Luo. Ils ont allumé un feu et commencent à faire bouillir de l'eau dans un gigantesque trépied. Ils se saisissent de bâtons et tentent bruyamment de la renverser. Par trois fois, conjuguant leurs efforts, ils vont essayer de déplacer l'animal. Mais en vain.

Les chiffres secrets

Qu'on épargne cette bête ! s'indigne Yu. Elle vient de la rivière, elle doit y retourner. Alors, à peine murmurant, les paysans reculent et abandonnent le feu. Tendant en arrière son bras, Yu s'empare d'une branche encore brûlante et s'approche de la bête immobile. Certes, le dos de la carapace a eu normalement tout le temps de sécher – et pourtant, sans qu'on comprenne pourquoi, il reste brillant comme au sortir de l'eau. On voit aussi que les stries des écailles sont plus profondes qu'à l'accoutumée.

Tandis que Yu se penche, la lumière incertaine du brandon rase à l'oblique cette courbure belle et ronde comme le ciel. Et Yu, qui sait observer, n'en revient pas. Il y a sur cette carapace, sur chaque espace des neuf écailles, bien séparées les unes des autres, des marques. Des marques, comme l'aurait déjà fait la brûlure ardente d'un tison enfoncé dans cette corne épaisse.

Les points sont bien regroupés ; ici trois points, là deux points, ailleurs huit points, plus loin encore neuf points. Cependant rien n'est dans un ordre apparent. Tout se mélange et s'enchevêtre. Mais Yu en est certain, il ne peut y avoir là de hasard. Les paysans avaient raison, c'est un signe des Dieux. Encore faut-il le déchiffrer… La carapace de cette tortue ne serait-elle pas comme un livre ouvert de la nature, où les Dieux dictent aux hommes sages le secret des lois éternelles ? Yu, sur le bord du fleuve Jaune, n'a-t-il pas déjà reçu en son temps, d'un homme blanc de haute taille au corps de poisson, le *Hotu*, autrement dit la carte du Fleuve ? Yu se souvient. Des points y étaient inscrits : cinq au centre et, de manière concentrique, un et deux, trois et quatre. La carte faisait ainsi apparaître l'engendrement de six (cinq plus un), de sept (cinq plus deux), de huit (cinq plus trois), de neuf (cinq plus quatre).

Alors, tandis que des oiseaux virevoltant se posent près de lui, Yu découpe un roseau et, sur la vase humide de la berge, prend soin de retranscrire les marques si nettement visibles de chacune des écailles de la tortue immobile. Une force inconnue guide sa main : d'abord près de lui, comme en son centre, un seul point. Plus haut, légèrement sur la droite, deux points. En revenant vers lui, mais cette fois sur la gauche, à une hauteur intermédiaire, trois points. Juste au-dessus, quatre points. La logique est évidente, on a systématiquement les quatre premiers nombres. Il suffit donc de se laisser porter : s'ouvre alors une ligne continue, à l'oblique. Quatre, cinq, six. Certains espaces sont déjà occupés, d'autres sont encore libres. Inutile de réfléchir. En remontant, oui, il y a bien sur la carapace de la tortue sept points. Mais l'espace au-dessus est malheureusement occupé. Yu se met à compter, tandis qu'un faisan au vol lourd se pose non loin. Sa main hésite. Un, deux, sur la gauche. Trois, en revenant en arrière. Oui, la place est libre. Ce sont bien huit points qu'il faut inscrire. Un seul espace est libre. À nouveau Yu compte : un, deux, puis, légèrement sur la droite, trois. L'espace est libre. Il faut bien inscrire neuf. Tout y est. Le damier est plein.

LE CARRÉ MAGIQUE

Les neuf premiers nombres sont bien là, mais comme en désordre. Et pourtant la main n'a pas hésité, reprenant un parcours qui, dans un rêve, aurait déjà été accompli. Une pensée, étrange, bien sûr, comme tous les songes de la nuit. Yu se met à penser qu'il sort d'un rêve justement, d'un combat d'échecs où l'Empereur céleste avait daigné le convoquer. Et où son cheval l'avait entraîné, par bonds successifs, à parcourir l'espace restreint de neuf cases. Neuf cases, comme les neuf écailles de la tortue immense sortie de la rivière Luo... Mais au moment même où il se laisse aller à ses songeries, un grand bruit le sort de sa torpeur tout autant que les éclaboussures qui l'inondent. Sans crier gare, la tortue, retournant d'où elle était venue, avait repris sa route et venait de plonger. Et maintenant, emportant son secret, elle

nageait entre deux eaux dans la rivière.

Il ne reste plus de cet épisode que ce dessin incertain sur la rive boueuse. Tenant toujours son roseau, il reprend son compte. Au centre, chiffre parfait, le cinq. À droite, le trois. À gauche, le sept. Mentalement, Yu fait une addition : cinq et trois font huit, huit et sept font quinze. Au centre, donc, cinq, chiffre parfait. En haut, neuf. Cinq et neuf : quatorze, plus l'un, qui est en dessous. Toujours un total de quinze. Yu ne cesse de recommencer. Cette fois, il additionne le long de la diagonale, une première fois vers la gauche, une seconde fois vers la droite. Il additionne ligne par ligne, colonne par colonne. Toujours, étonnamment, quelle que soit la façon de procéder, de manière constante ce total de quinze.

Un carré de trois fois trois cases, soit neuf cases en tout, comme les neuf régions de la Chine, contenant la série complète des neuf premiers nombres. Les quatre directions principales occupées par des chiffres impairs, et les quatre directions secondes occupées par des chiffres pairs, avec l'espace propre au centre relevant du nombre cinq. Et tout se tenant là dans ce court espace, dans ce bref dessin, ordonné comme un échiquier, dans une harmonie contrastée, comme un objet géométrique unique rassemblant les différences arithmétiques.

Sacrifice et interprétation

C'est donc un carré magique, gravé sur son dos, que la tortue de la rivière Luo a apporté aux hommes, par l'intermédiaire de Yu le Grand. Ce qui, en insistant sur l'importance des premiers signes de l'écriture, dit tout à la fois que le monde est ordonné comme une combinaison de chiffres et que l'interprétation des carapaces est un moyen de connaître cet ordre.

L'interprétation a commencé avec le sacrifice des animaux. On s'empare des bêtes, on les bascule à terre, on les immole, en observant comment le sang qui gicle bouillonne par saccades. On prélève des quartiers de chair et on les porte sur l'autel. On examine les fumées qui s'élèvent et les ventres ouverts qui palpitent. On scrute le résidu des opérations et le reste des os calcinés. Tout cela pour tenter de deviner si les Dieux sont apaisés ou courroucés.

On en vient, peu à peu, à imaginer que l'effet d'une pointe de feu sur un os d'omoplate – sa surface presque plane constitue une tablette idéale – donne des signes concernant l'avenir. Alors on s'intéresse moins au sacrifice dans son ensemble, chargé de plaire aux Dieux, avec ses viandes brûlées, ses entrailles sanglantes, ses fumées gorgées de graisse. On en fait même l'économie.

Il ne s'agit plus de donner des gages aux divinités en prélevant à leur intention une part, si minime soit-elle, des richesses humaines. Les hommes, avec l'invention de l'écriture, s'attribuent le pouvoir, par rites interposés, de convoquer les Dieux et de leur poser des questions. Ceux-ci sont priés de répondre clairement, par oui ou par non, par faste ou par néfaste.

L'ordonnancement méticuleux des cérémonies fait surgir une multitude de signes qui s'enchevêtrent et se répondent. Rassemblés, répartis et classés, ils abolissent l'incertitude des lendemains. Le futur probable se déchiffre, l'avenir est déjà présent : pour les Grands de ce monde, grâce au savoir des devins, demain se lève dès aujourd'hui.

La tortue, mieux que tout

Ainsi, pour prédire l'avenir, avant d'en venir à la tortue, on s'est d'abord servi des omoplates des moutons et des buffles. On préparait l'os en amincissant sa paroi dans toute une série de cavités. Puis on piquait, avec un tison incandescent, tel ou tel endroit soigneusement choisi. Et de la forme de la fissure on déduisait un signe. Tant et si bien que pratiquer l'ostéomancie ou pratiquer la divination se dit en Chine d'un même mot : *bû*.

Mais, au fil des temps, l'homme a fini par préférer à toute autre chose la tortue qui, d'emblée, par sa double forme signifie le monde : carapace ronde et sphérique comme le ciel au-dessus de nos têtes, plastron plat et carré comme la terre où nous posons nos pieds.

Il y eut un temps où c'est la carapace tout entière qui était lancée au feu, puis rapidement sortie du brasier à l'aide de longs bâtons d'achillée. Lorsqu'on les retirait, les bâtons faisant levier, les carapaces étaient comme jetées hors des flammes, puis, renversées, tombaient sur le sol. Soit la face bombée était vers le haut, et il s'agissait d'un signe céleste (considéré par la suite comme un signe *Yang*) ; soit elle était vers le bas, découvrant la surface plate du plastron, et il s'agissait d'un signe terrestre (considéré par la suite comme un signe *Yin*). On continua à utiliser les carapaces de tortues, mais sans les jeter toutes au feu. On comprit qu'il était possible, grâce à des tisons, de porter le feu seulement en certains endroits bien précis et d'obtenir, mieux encore, les réponses à la question du faste ou du néfaste.

Cérémonie et indices

Imaginons la scène. La tortue est là. La tête et les pattes coupées, dépecée, les deux parties de la carapace séparées et nettoyées. Tout est posé sur l'aire de divination, tracée à même le sol. Nul, sauf le devin revêtu de sa tunique et coiffé de son bonnet, ne peut y pénétrer. Dans un trépied brûle du charbon de bois porté à l'incandescence. Alors l'officiant approche la pointe du tison, rougi au feu, de la carapace de la tortue. Au contact, une résistance, puis un crépitement. La fumée s'élève, portant une lourde odeur de corne brûlée.

Le dessin de la carapace la divise d'emblée en espaces significatifs. D'abord une ligne centrale, poétiquement appelée route de mille *li*, qui sépare la gauche de la droite. Immédiatement tout s'ordonne.

En bas, la petite échancrure, tournée vers le devin, indique le Nord (dans la tradition chinoise le Nord est placé vers le bas, alors que dans la tradition occidentale il est spontanément situé vers le haut). En haut donc, le Sud. À gauche, l'Est et tout l'espace consacré au *Yin* – c'est-à-dire au féminin. À droite, l'Ouest et tout l'espace consacré au *Yang* – c'est-à-dire au masculin.

Le devin vient de retirer la pointe rougie et examine la trace laissée par la brûlure, qui se présente comme un premier indice. Cinq possibilités s'offrent d'emblée à son interprétation. La marque initiale est soit un tracé filiforme et irrégulier (qui correspond à l'eau), soit un tracé oblique vers l'extérieur (qui correspond au feu), soit un tracé rectiligne et vertical (qui correspond au bois), soit un tracé obliquant vers l'intérieur (qui correspond au métal), soit un tracé rectiligne et horizontal (qui correspond à la terre).

Une fois le premier indice obtenu par une première brûlure, le devin va l'interpréter en fonction du lieu et du moment de la divination. Car tout se tient. Un signe peut être renforcé ou affaibli. Supposons que ce soit le signe du bois qui soit apparu tout d'abord et que nous soyons en hiver : le bois (est, printemps), recevant son souffle des mois le précédant, en sera renforcé. Au contraire, si nous sommes en été, le souffle qui porte le bois est étiolé, et le signe bois en sera affaibli.

Une série d'autres brûlures, tracées sur un parcours orienté, qui ne laisse aucune place au hasard, va succéder à la première. Elle aura pour rôle, à chaque fois, de conforter, affaiblir, pour le moins nuancer et compléter le signe initial porté par le premier indice.

Le poids du monde

La tortue est un être divin qui a partie liée avec la permanence du monde. On raconte que, jadis, les îles des Bienheureux, séjour lointain des Immortels, flottaient, montant et descendant au gré des marées. Certes, le jade et les perles décoraient les terrasses et les belvédères. Y poussaient à profusion des arbres immenses de corail. Les vastes palais y étaient en or, mais on ne pouvait guère s'y tenir debout. Ce dont se plaignirent les habitants à l'Empereur d'En Haut. Aussi Yuquiang, qui commandait à la mer et aux vents, reçut l'ordre de les fixer. Il décida de les faire supporter par des tortues géantes qui, par groupe de trois, placèrent les îles sur leur tête. Elles se succédaient en échangeant leurs places, permutant tous les soixante mille ans. Hélas, un monstre, descendant des dragons, venu du pays de Longbo, en un seul lancer pêcha six tortues qu'il plaça sur son dos pour revenir en son pays, afin d'en tirer par le feu des augures. Ainsi les deux îles Daiyu et Yuanjiao, ayant perdu leur support, dérivèrent à l'extrême nord et sombrèrent à tout jamais en pleine mer. Il ne resta plus que les trois îles Penglai, Yingzhou et Fangzhang. Ce que figurent ces stèles si nombreuses où l'on voit les tortues porter des fûts, qu'on imagine aller jusqu'au ciel. On se souvient aussi que le ciel lui-même est supposé soutenu par une tortue. Mais une tortue à trois pattes seulement, ou même sans aucune patte, mutilée sans doute pour l'obliger à rester fixe. À moins que les pattes coupées par la Déesse Nügua n'aient été utilisées comme des colonnes destinées à soutenir les quatre extrêmes, c'est-à-dire les quatre coins du monde. Ceci après le désastre provoqué par la colère de Gonggong, renversant d'un coup de corne la montagne du Buzhou, l'une des colonnes du ciel, et provoquant à tout jamais l'inclinaison du ciel vers le nord-ouest.

Toujours est-il que c'est aussi une tortue noire (la couleur du Nord) qui porte le *Xi Rang*, cette terre magique inépuisable dont Yu se sert pour combler les digues et juguler le grand déluge.

La stabilité est en rapport avec la longévité. S'enfouissant l'hiver au plus profond de la terre, la tortue réapparaît à chaque printemps, et on imagine qu'au cours des temps c'est toujours la même qui revient. En témoignent ces bêtes qu'on emmurait parfois dans les constructions et, signe de la faveur des Dieux, qu'on retrouvait vivantes plus de vingt ans après.

Le Guerrier sombre

Même si, dans l'histoire des procédés de divination, le tirage de l'achillée (la Voie terrestre) a complété, puis s'est peu à peu substitué à la lecture des signes sur la carapace de la tortue (la Voie divine), la tortue a longtemps gardé le privilège d'être considérée comme un animal choisi par les Dieux, en tout cas la plus vénérable des trois cent soixante créatures à carapace.

Elle est donc désignée comme l'animal à carapace par excellence, tout comme le dragon est la quintessence des créatures à écailles, le phénix, ou l'oiseau vermillon, celle des créatures à plumes, la licorne celle des créatures à poils, et l'homme, enfin, celle des créatures à peau lisse.

La tortue bénéficie donc d'un double statut
Elle est un animal fabuleux – comme le sont sans doute la licorne ou le dragon –, mais elle est aussi un animal bien réel. Et

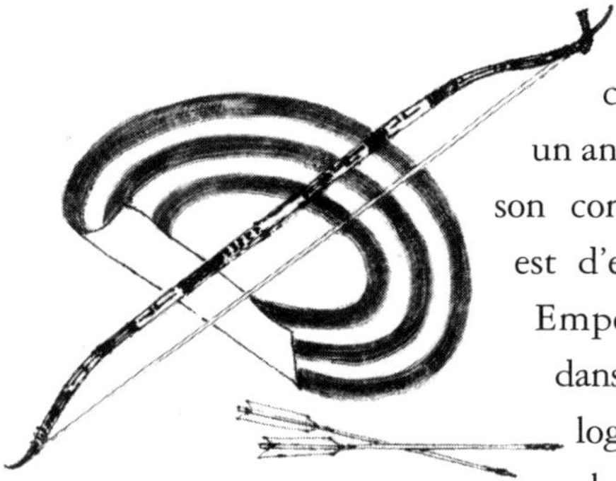

c'est parce que c'est un animal merveilleux que son comportement naturel est d'emblée présage. Les Empereurs disposaient dans leurs jardins zoologiques, sous la surveillance des devins, d'une tortue, la plus grande possible, et donc la plus ancienne qu'on pouvait imaginer.

Lorsqu'elle reste enfouie dans les profondeurs de la terre, quel malheur ! Au contraire, lorsqu'elle paraît de manière inattendue, quel signe faste !

Mais la signification de la tortue ne se révèle pleinement que dans le système qu'elle forme avec d'autres animaux et que par rapport à un monde orienté, lié lui-même au cycle des saisons. La place de la tortue ne peut se comprendre que dans le dispositif général du monde. Le printemps (le bois) vient à l'est, et son animal symbolique est le dragon vert. Le soleil, poursuivant sa route dans son ascension *Yang*, a son apogée dans le temps de l'été au sud (le feu), dont l'animal symbolique est le phénix, ou oiseau vermillon. Puis vient l'automne, le *Yang* décroît pour laisser le *Yin* croître davantage. C'est le lieu et le moment du tigre blanc. Enfin, tandis que le *Yang* s'enfouit sous terre, le *Yin* est à son plein. C'est le temps de l'hiver (l'eau), celui des souffles noirs, purs et froids. Celui de la tortue noire ou, comme il est dit dans les textes, celui de la tortue sombre *(Xuangui)*.

L'Histoire en témoigne. À la fin des Royaumes combattants (403-321 av. J.-C.), ces animaux sont des emblèmes frappant les étendards que portent, répartis selon les orients, les quatre groupes de cavaliers entourant la garde royale.

Plus terrible encore est l'image de la tortue enlacée par le serpent, figure capable, par sa seule présence, de subjuguer tous les démons, et qui prend alors le nom de Guerrier sombre *(Xuanwu).*

La tortue et le corps humain

C'est cette capacité de combattre les démons qui, dans la représentation antique du corps, associe parfois la tortue à la vésicule biliaire.

En se fondant en partie sur un jeu de mots, lié à une homophonie : deux fois le même son, et deux sens différents qu'on n'hésite pas à associer. « Vésicule », en effet, en chinois se dit *dan*, mot qui signifie « audace » : une personne ayant une grande vésicule est, croit-on, à l'abri des frayeurs. De là la liaison avec le tigre, animal préféré des exorcistes, et avec la tortue sombre, elle aussi capable d'arrêter l'élan des esprits malfaisants. Aussi, pour que tout se tienne de manière cohérente, les Anciens, décrivant l'organe, n'hésitaient pas à affirmer : « La vésicule biliaire a la forme d'une tortue enroulée par un serpent. »

Ainsi la tortue est-elle partout. Parfois même – en riant, les enfants s'amusent à le rappeler – comme un animal qui ne cache guère son obscénité, en rapport avec sa tête vaguement triangulaire et son cou rétractile. Ou au contraire comme insigne valorisant, lorsque, devenue bijou en or, elle est portée seulement par les mandarins de haut grade.

Elle n'en reste pas moins une bête fantastique, dont on ne peut toujours trancher si c'est un animal de la terre ou de l'eau. Un être fondateur, certes, à l'incroyable longévité, mais tellement plein de mystère qu'on aime autant le voir retourner dans les eaux abyssales.

ORIENTS, SAISONS ET COULEURS

LE YIN ET LE YANG, OU LA RICHESSE INFINIE DE L'UNIVERS

Toute cosmologie est une mise en ordre du monde. Il y a pour y arriver, en Chine comme ailleurs, beaucoup à faire. Le désordre est partout.

En témoigne l'immensité vertigineuse de la Terre, avec ses forêts, ses steppes, ses déserts. Cela est aggravé par l'âpreté de la nature, cascades énormes, défilés interminables, montagnes inaccessibles. S'y ajoute la violence des hommes – non pas seulement la violence individuelle, toujours prête à sourdre à l'encontre du plus faible, mais la violence collective. Celle qui se déchaîne dans les guerres aux frontières où l'on s'abreuve du sang des barbares, celle qui éclate dans les luttes féodales laissant au bord des fossés, par milliers, des os blanchis sans sépulture. Celle enfin, avec son lot d'assassinats de clans entiers, qui accompagne ces grands moments historiques où l'on change enfin de dynastie. Sans parler de tous ces morts inévitables, hommes, femmes et enfants, subissant les désastres des incendies, des inondations répétées ou des tremblements de terre.

Pourtant, à toutes ces violences qui s'amoncellent s'oppose l'ordre cosmologique qui prétend dire les régularités. Le Ciel est d'un grand secours, celui de la nuit avec la Grande Ourse et l'Étoile polaire, celui du jour avec le parcours régulier du Soleil.

Les nombres interviennent pour aider au classement : l'un engendre le deux, comme le *Yin* et le *Yang* dont la combinaison permet le trois, ainsi que le montre le trigramme. Le cinq, nombre parfait, convient aux orients commandant aux neuf régions. Les heures doubles sont au nombre de douze. Dix convient aux décades qui, regroupées par trois, forment un mois. Et ainsi de suite.

Tout se plie et rentre dans sa case, simple élément d'un système plus général défini *a priori*. Un gigantesque tableau de correspondance, comme une grille, s'applique au monde, concernant aussi bien l'homme – ses organes, ses viscères, ses passions – que la nature – ses couleurs, ses animaux, ses végétaux. Il n'est pas jusqu'aux œuvres humaines qui ne se soumettent : vertus fondamentales, notes de musique, textes classiques…

L'ALTERNANCE SANS FIN

La frayeur des premiers temps, de ce moment horrible où le Soleil, peut-être demain, ne se lèverait plus, était depuis longtemps évanouie. Hommes et femmes répétaient, à dormir et à s'éveiller, l'alternance éternelle.

Lumière, puis obscurité. Puis lendemain nouveau, lumière montante, puis déclin du jour. Indéfiniment : jour après jour, nuit après nuit. Nuit profonde, puis légère. Dans l'opposition du clair et du sombre. Jamais par à-coups, mais peu à peu. Lumière survivante dans la nuit qui descend, obscurité encore présente dans le jour qui se lève.

Battements du cœur, succession des jours et des nuits. Rythme au plus près, et, peu à peu, déjà plus lointain. Plus ample encore, la ronde des saisons, qui tourne, toujours semblable d'année en année, comme une danse paysanne contrastée, où sans fin s'opposent, s'unissent, se séparent, se retrouvent filles et garçons. Nomenclature poétique : neiges et froid, averses du printemps et grondements du tonnerre. Limpides lumières. Piétinement des faisans et éveil des insectes. Fleurs prometteuses. Montée des épis, canicule et grandes chaleurs. Fruits déjà mûrs. Fraîcheur, puis rosée blanche, gelées et givre. Les greniers se ferment. Les animaux s'enfouissent. Les humains se calfeutrent. La neige en averse, petits froids et quatre-vingt-un jours de grands froids, et le cycle recommence.

La lumière, à nouveau, pleinement y joue son rôle : durée du jour égale à la nuit, et ce sont les équinoxes du printemps et de l'automne. Jour le plus long et c'est le solstice d'été, nuit la plus longue et c'est le solstice d'hiver. Cet équilibre précaire à chaque fois ne dure qu'un jour, car la roue lancée depuis toujours jamais ne cesse.

Une fois le clair, une fois le sombre, ensemble et séparés. Intensité du blanc en son sommet, intensité du noir en son point le plus bas. Mais, dans l'année elle-même, le glissement ne se fait que sourdement. La nuit de l'hiver commande-t-elle, déjà dans la terre germinent les graines, promesse du printemps et de ses pousses verdoyantes. Ainsi le dessine le pinceau du poète Chen K'ink'i :

Après que la glace et le gel ont tout broyé
Soudain éclosent quelques branches nouvelles
Solitaires, dans le paysage vespéral
Elles ouvrent le printemps de l'univers

Le soleil est-il au plus haut dans l'été flamboyant, déjà s'annonce le froid de l'automne blanchissant. Du Fu, le poète, en témoigne :

Le cri d'une oie sauvage annonce l'automne
Déjà la gelée blanche accompagne la nuit

Puis vient le rétrécissement obscur de l'hiver. Ce qu'illustre l'image, reconnaissable entre toutes, du cercle qui figure l'alternance du *Yin* et du *Yang*, du sombre et du clair.

LE YIN ET LE YANG

L'image du cercle vide représente le plus souvent très directement le Vide *(Wu)*, ou encore le Néant *(Wuji)*, thème qui a quelque familiarité avec le *wu wei*, traduit souvent par « non-agir », mais dont on rend mieux compte avec l'idée, toute politique, de non-intervention.

Mais avec le *Yin* et le *Yang* on a affaire à un cercle plein. Un cercle donc, image universelle de chaque événement du monde, montrant à la fois que toute chose forme

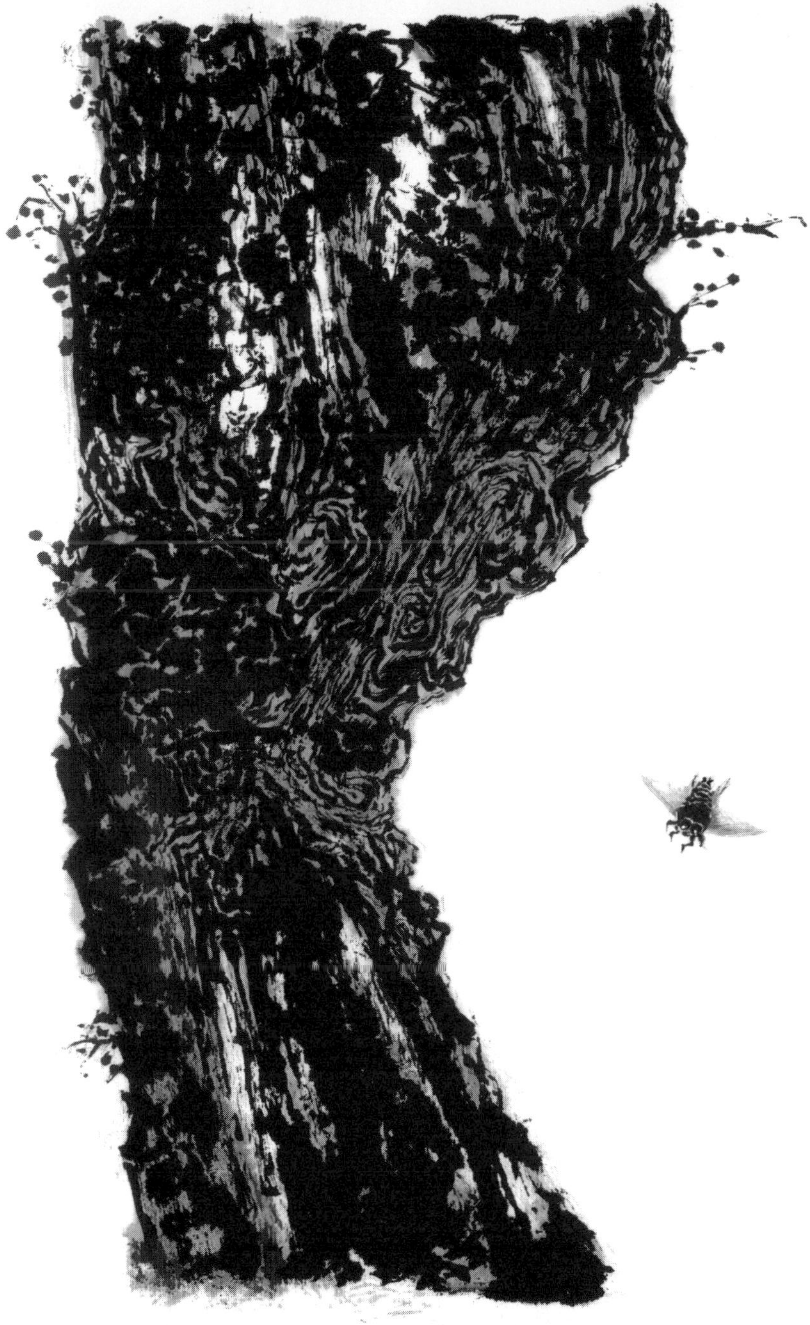

un tout, toute chose est un composé, toute chose se répète, à la fois changeante et pourtant permanente.

Une sorte de disque partagé en deux surfaces égales, blanche et noire, aux formes arrondies, un dessin contrasté de larme, ou de perle, ou de vague. Mais au plus plein de la zone blanche, un cercle noir. Au plus plein de la zone noire, un cercle blanc. Deux semences opposées et symétriques suggérant qu'à l'apogée du *Yang* (la zone blanche), qu'à l'apogée du *Yin* (la zone noire), il y a toujours présence de son contraire. Pas de *Yang* sans *Yin*, pas de *Yin* sans *Yang*.

C'est le diagramme du *T'aiki*, celui du Faîte suprême. Mais, à y regarder de plus près, la courbe douce qui enserre le sombre ou le clair est, en son début, une demi-circonférence. Tant et si bien que la figure, en réalité, est composée de deux cercles s'appuyant l'un sur l'autre, un noir et un blanc, encastrés dans un cercle plus grand qui a exactement le double de diamètre. Ligne strictement géométrique et qui, pour de bon, n'est pas tracée. Pourtant il ne faut pas la perdre de vue. On peut l'imaginer, cette ligne large et droite comme un arbre, comme une montagne, comme une colonne, autour de laquelle, pour atteindre son faîte, s'enroule un dragon. Sorte de pivot cosmique autour duquel tourne chaque chose, dans le jeu du *Yang* et du *Yin*. Comme le dit le poète anonyme :

En un courant sans fin Yin et Yang se relaient

On l'a vu, l'alternance des saisons dit bien cette union contrastée. Temps froid et couvert, nuages en volute roulant dans le ciel, refuge dans l'intérieur, travail des tisserandes, c'est le *Yin*. Ensoleillement et chaleur, ciel sans nuage, étendard claquant au soleil, le bouvier qui conduit son buffle dans les champs, c'est le *Yang*. Ce que, dans le *Livre de la Voie et de la Vertu*, dit, à sa manière, le Sage Lao Tseu :

Les dix mille êtres portent sur le dos l'obscurité
et serrent dans les bras la lumière, le souffle
indifférencié en constituant l'harmonie.

Le paysage, à son tour, exprime cette opposition où l'un ne peut exister sans l'autre. La vallée sombre a creusé son lit, la montagne resplendit dans la clarté. Un versant ensoleillé, c'est le *Yang* ; un versant dans l'ombre, c'est le *Yin*. Dans ce paysage marche une silhouette face au soleil qui l'éclaire, alors une ombre nécessairement la suit. Les orients sont solidaires : le Nord désigné dit aussitôt, à son opposé, le Sud ; l'Est ainsi fixé définit *a contrario* l'Ouest.
Plus primitivement encore, c'est la division sexuelle et le rythme de l'union : porte qui se clôt, c'est le *Yin* ; porte qu'on ouvre, c'est le *Yang*.
Les nombres, à leur tour, fixent les images : impair (un, trois, cinq, sept, etc.), c'est le *Yang* ; pair (deux, quatre, six, huit, etc.), c'est le *Yin*. Ou encore, pour employer le dessin plus simple des trigrammes, un trait long unique, c'est le *Yang*, deux traits courts brisés, c'est le *Yin*.

LE SOUFFLE PRIMORDIAL

Aujourd'hui, près de deux mille cinq cents ans après que la notion a été mise au point, nous appliquons la distinction *Yin/Yang* à tous les couples, comme modèle permettant de présenter toutes les oppositions complémentaires.
Cosmologique, avec la Terre et le Ciel. Physiologique, avec la respiration et le couple de l'expir et l'inspir. Spatiale, avec

dessus et dessous, droite et gauche. Temporelle, avec avant et après. Anthropologique, avec féminin et masculin. Numérologique, avec pair et impair. C'est une liste quasiment interminable.

Mais, dans la pensée chinoise antique, il y a un principe unique et antérieur qui commande la division. C'est un souffle originel, ni matière ni esprit, sorte d'énergie primordiale *(Qi)*, tantôt condensée, tantôt dispersée. Le *Qi*, c'est ce qui pénètre partout et se meut en cercle. Le dessin du caractère qui le représente sans doute est composé du signe « vapeur » placé sur le signe « feu », et désigne les vapeurs qui s'élèvent. Ou encore, selon d'autres versions, du signe marquant la négation placé au-dessus du signe du feu, pour indiquer qu'il ne s'agit pas d'un souffle igné. Ou encore du signe de la vapeur placé sur le signe du riz en train de cuire, ce qui oriente le sens vers un souffle ayant une fonction nourricière.

Le *Yin* et le *Yang* ne sont alors que les deux faces du souffle initial, comme le donne à voir le feu qui brûle : une seule énergie, mais deux faces. À la fois flamme qui monte (et c'est le *Yang*) et cendres qui retombent (et c'est le *Yin*). Comme le donnaient à voir les récits de la Création : que le souffle impalpable et léger s'élève et c'est le *Yang*, autrement dit le Ciel, que le souffle lourd et matériel se condense et c'est le *Yin*, autrement dit la Terre.

La formule sibylline du *Livre de la Voie et de la Vertu*, de Lao Tseu : « Le *Tao* a produit un ; un a produit deux ; deux a produit trois ; trois a produit tous les êtres », peut prendre un de ces sens. Un, le souffle primordial, a produit deux, le *Yin* et le *Yang*. Le *Tao* étant lui-même le Vide antérieur à l'Un primordial. Quant à trois, ce serait l'harmonie contrastée du *Yin* et du *Yang*.

Quatre saisons, cinq espaces

Les deux souffles du *Yin* et du *Yang* commandent les quatre saisons. Mais pour qu'il y ait correspondance de deux (le *Yin* et le *Yang*) avec quatre (les saisons), on a imaginé qu'il était possible de distinguer un faible *Yang* (qui correspond au printemps) et un *Yang* fort (qui correspond à l'été) ; un faible *Yin* (l'automne) et un *Yin* fort (l'hiver). Les équinoxes correspondent à des moments d'équilibre, les solstices à des situations de dominance : *Yang* au plus fort, *Yin* au plus faible ; ou bien *Yin* au plus fort, et alors *Yang* au plus faible.

Le jeu d'opposition du faible et du fort n'empêche pas une progression continue du *Yang*, allant du solstice d'hiver au solstice d'été, puis un déclin continu du solstice d'été au solstice d'hiver. Tout se tenant de manière contrastée, un mouvement contraire marque le déclin et la croissance du *Yin*. Ainsi le cycle annuel se divise en deux moments, et à chaque fois se ponctue en naissance, actualisation, équilibre (c'est l'un des équinoxes), culmination (ce sont les solstices), équilibre à nouveau (c'est l'autre équinoxe), résorption – et non pas la mort, puisque la nature changeante est éternelle. Cependant, entre le Ciel et la Terre il y a l'homme, et il convient de lui assurer toute sa place. Tête ronde comme le Ciel, pieds carrés comme la Terre... Imaginons-le, immobile un instant, contemplant le monde. Portant son regard circulaire sur l'horizon, c'est un dessin à chaque moment, un peu différent, qui se présente à sa vue. Cette variation du paysage ne fait que s'accroître fortement lorsque l'homme, enfin, se remet en marche. À la vitesse de son pas, ou de sa course, d'autres découpages apparaissent, comme autant de nouveaux paysages possibles.

Pourtant l'homme sait bien que ces changements, liés à son déplacement, ne sont qu'apparents. Faisant confiance au ciel et au parcours régulier du soleil, l'homme maîtrise la trame constante des orientations, grâce à quoi, Étoile polaire fixe aidant, il sait où il va.

Disposant des quatre orientations repoussées au plus lointain horizon, comme nous le faisons nous-mêmes, les penseurs chinois n'ont pas oublié tout l'espace que l'homme occupe. Comme un centre, autour duquel le monde, à l'aplomb du ciel, tout entier s'organise. Donc quatre orients, mais cinq espaces.

Les cinq agents

À chacun de ces espaces correspond ce que la langue chinoise appelle *Wuxing*.

Comme souvent, il y a là une notion qu'il est difficile de transposer exactement dans la langue française. La traduction, un peu ancienne, peut être « élément » (les cinq éléments), ou encore, mais cette fois de manière plus moderne, « agent » (les cinq agents). Cela pourrait encore se lire aussi bien comme « souffle », « matériau », « puissance », « phase », « vertu ».

Toujours est-il que les agents (ou les éléments) ne doivent pas être conçus comme statiques, mais bien plutôt comme formant un cycle commandé par le plus ou le moins de *Yang*, le plus ou moins de *Yin*.

La liste classique, et invariable, est le bois, le feu, le métal, l'eau et, au centre, la terre.

Le bois, c'est ce qui perce et se dégage peu à peu de la surface du sol, à la fois herbe qui pointe et racine qui s'enfonce. C'est le temps où le souffle du tonnerre gronde, où tout est ébranlé.

Le feu, c'est la chaleur ascendante. C'est un temps de mutation où la multitude des

êtres se transforme pour accomplir sa croissance.

La terre symbolise la naissance, conçue comme surgissement. Placée au centre, elle reçoit le souffle pur du Faîte souverain.

Le métal évoque l'idée d'interdit. Déjà le Ciel et la Terre rappellent à eux les êtres, c'est le temps de l'abandon.

L'eau, enfin, implique l'idée d'écoulement. C'est le temps où les êtres ont épuisé leurs souffles et se replient sur eux-mêmes.

En haut le Sud, en bas le Nord

Les orients, on le sait, sont disposés dans l'épaisseur de l'espace selon une règle simple : ce qui commande, c'est le parcours du soleil, son lever à l'Est, son coucher à l'Ouest. Mais, projetée sur la surface plane d'une feuille, la représentation chinoise traditionnelle diffère de la représentation

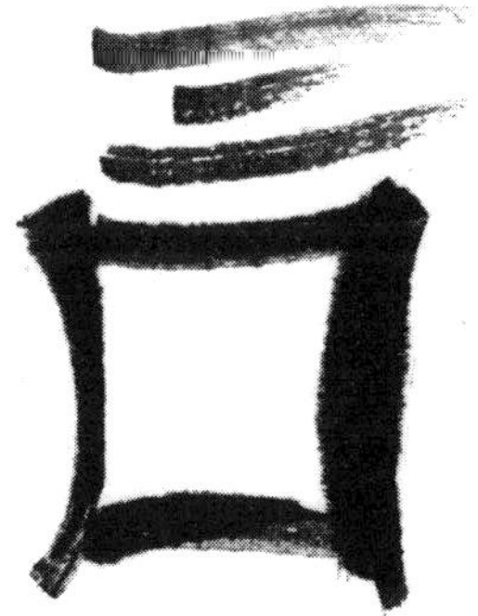

occidentale. Dans nos cartes, d'une manière abstraite, nous plaçons le plus souvent le Nord en haut. À gauche l'Ouest, à droite (le côté noble) l'Est. Mais en Chine, tout se dessine concrètement à partir d'un point de vue.

C'est la position du souverain, en sa demeure impériale, se tenant le dos au Nord (grand *Yin*), face à l'entrée principale du palais (protégée par un mur-écran) qui définit les orientations ultérieures. Le Sud (grand *Yang*) est donc placé face à lui, et si on le rapporte sur un schéma, en haut. Du même coup, l'Est est sur sa gauche (c'est pour les Chinois le côté noble), correspondant au petit *Yang*, qui est le lieu où le soleil se lève et le temps du printemps. À sa droite, l'Ouest, correspondant au petit *Yin*, qui est le lieu où le soleil décline et le temps de l'automne.

Un cercle sans fin

Si les orients sont fixes, les agents (ou éléments) n'ont rien de statique. Ils ne sont pas d'emblée, et une fois pour toutes, ce qu'ils sont ! La dialectique du changeant s'applique à eux et interdit qu'on les prenne pour des substances immuables.

Si on les affecte, d'une manière constante, à un orient (le bois à l'Est, le feu au Sud, le métal à l'Ouest, l'eau au Nord), cette solidarité renvoie à un temps de règne, et donc de toute-puissance. Mais, bien sûr, un temps limité, soumis nécessairement au changement.

En réalité chaque élément, comme une personne, connaît un cycle de vie, passant, selon un rythme ternaire, par des étapes précises, allant de l'apparition à la disparition. Il est d'abord un souffle, puis un embryon, il connaît ensuite un temps où il se nourrit. Puis il naît, tra-

verse un temps de purification et de maturité. Alors il entre en fonction, déploie son règne et commence à connaître le déclin. C'est, enfin, la maladie, la mort et la sépulture. Puis tout, à nouveau, recommence.
Autrement dit, il y a, d'une manière ou d'une autre, mais avec une intensité variable, une présence de l'élément tout au long des douze mois de l'année, même si l'on rapporte généralement l'élément seulement à une saison.
Les éléments se tiennent ensemble, en s'engendrant successivement de manière circulaire. Ainsi, on l'aura aisément deviné, le bois engendre le feu, qui engendre la terre, qui engendre le métal, qui engendre l'eau, qui engendre le bois. Cette relation implique à la fois soutien et pression : ainsi l'eau engendrant le bois, le bois soutient l'eau (qui lui permet d'exister). Au contraire, le bois, engendrant le feu, fait pression sur lui et cherche à le commander. Et ainsi de suite, selon un cercle sans fin.
Dans ce jeu de pouvoir, d'allégeance et de domination, c'est l'ordre social qui, en ses figures diverses et changeantes, est convoqué pour que soit compris le jeu des éléments, celui où le prince s'entoure d'un conseiller, celui où l'époux hésite entre l'épouse et les concubines, celui où le père, encore fort, est secondé par son fils.

La culture et ses chiffres

Bien sûr, chacun des éléments se rapporte, comme naturellement, à une saison. Le bois, c'est le vert du printemps et la sève qui sourd. Le feu, c'est l'intensité lumineuse de l'été, avec le rouge soleil au zénith. Et ainsi de suite.
Mais c'est aussi, en partie, le renvoi à une nature domestiquée. Le feu, puissance

sociale tout autant que naturelle, est le domaine maîtrisé par les forgerons, puis les alchimistes. Le métal, avec sa chaleur incandescente, c'est la fonte des bronzes, relevant aussi de la puissance réglée des feux. L'eau, force hautement naturelle, à la fois fécondante et destructrice, est cependant gouvernée par les digues et les travaux : la geste de Yu, le héros civilisateur, en témoigne. La terre, porteuse du millet et des mûriers, est brûlée, défrichée et labourée. Il n'est pas jusqu'au bois que l'art de l'horticulteur ou du jardinier ne sache rendre droit ou sinueux.

Ce ne sont donc pas d'éléments bruts qu'il s'agit, tels que les hommes les ont affrontés aux premiers temps de la civilisation, mais d'éléments tels que peuvent les imaginer des hommes déjà bien installés dans une civilisation sédentaire, avec ses premières techniques de maîtrise matérielle du monde : irrigation, forges et fourneaux. Des éléments qui, analysés par la pensée, ne sont plus tout à fait le monde, mais des images des événements du monde, et que l'on peut soumettre par la puissance des chiffres. Comme l'énonce Xiao Ji, dans la préface du *Compendium des cinq agents* :

Les Sages établissent des paroles
pour circonscrire les images et instituent des images
pour mettre en évidence les événements.
Les images engendrent la multiplicité qui,
à son tour, produit les nombres.

Cinq, le nombre parfait

Déjà la nature, dans sa simple présence, ordonne le monde : verticalité des arbres et des cascades, dessin des crêtes de montagne, sinuosité des fleuves. L'homme, par ses activités dans l'espace qui est le sien, ou bien renforce cet ordre, ou bien lui en substitue un autre. Ce sont les alignements d'arbres pour la culture du mûrier, ce sont les marques des enclos, les limites des champs, ce sont les sillons réguliers des céréales.

Tout cela comme un fin damier enserré dans la large délimitation des points cardinaux, où les orients et les saisons sont articulés à chacun des éléments. Et quelle que soit la variété des cultures et des paysages, d'une part cette constance de la course solaire d'est en ouest, d'autre part ce rite sans cesse répété où le prince s'adosse au Nord pour donner audience à ses vassaux.

Dans un colossal effort intellectuel pour affirmer l'ordre du monde, et l'harmonie entre le Ciel, la Terre et l'Homme, s'établit, avec de bien négligeables variations d'un texte à l'autre, un formidable jeu de correspondances. Pour l'Homme lui-même sont appariés les viscères (foie, cœur, rate, poumons, reins) avec les réceptacles (vésicule biliaire, intestin grêle, estomac, gros intestin, vessie), avec les organes (yeux, langue, bouche, nez, oreilles), avec les composantes du corps (tendons, vaisseaux sanguins, chairs, peau, linéaments de la peau), avec les efflorescences (ongles, teint, lèvres, poils, cheveux).

Qu'on ne s'y trompe pas ! Il ne s'agit pas du sommaire d'un livre de médecine. On aura aisément remarqué la structure par cinq de telles nomenclatures, et sans doute même deviné, à chaque fois, la référence à la liste des cinq agents (ou éléments) – liste appariée aux cinq orients – distribuée selon l'ordre canonique : le bois (l'Est), le feu (le Sud), la terre (le Centre), le métal (l'Ouest), l'eau (le Nord).

Ce qui peut conduire à une lecture horizontale (celle qui vient d'être faite) et permettre aussi une vision verticale : le bois (l'Est), autrement dit le foie, la vésicule biliaire, les yeux, les tendons, les ongles. Liste à composer, avec ses attributs, pour chacun des éléments. Ce qui permet de construire un damier, une matrice, un tableau à double entrée, qui commande à vingt-cinq entités (cinq fois cinq éléments). Il suffit d'imaginer qu'il y a des tempéraments et des instances psychiques liés aux éléments, et voilà qu'on passe à trente-cinq.

Système et réalité

Cette liste des éléments sert de clé universelle. Imagine-t-on que les aliments ont des saveurs, elles seront au nombre de cinq : l'acide, l'amer, le doux, l'âcre, le salé. Cherche-t-on à classer les odeurs, ce sera nécessairement le rance, le brûlé, le parfumé, le fétide et le pourri. Si l'on en vient aux contenances, que les rites tentent de régler selon les convenances, ce sera l'anxiété, la colère, la joie, le désespoir, la douleur. La liste est interminable. La diversité du monde y passe et doit se soumettre : des sons, il y en a cinq, comme il y a cinq inflexions, cinq activités.

Excès de l'esprit de système, comme cela resurgira presque deux mille ans plus tard dans la civilisation occidentale avec les quatre pôles du carré sémiotique cher à quelques structuralistes. Tant et si bien que lorsqu'il s'agit, dans la Chine ancienne, d'arrêter une liste de livres classiques qu'il faudra connaître à fond pour se présenter aux examens mandarinaux, cette liste comprendra les « rites » (le feu), les « documents » (la terre), les « annales » (le métal), les « odes » (l'eau), auxquels on ajoutera ultérieurement le *Livre des mutations*, ou *Yi King*, pour arriver au nombre parfait, donc fatidique, de cinq.

L'alchimie taoïste
L'or des souffles et les cavernes du corps

Les pratiques des chamans, hommes ou femmes, parés de leurs plumes d'oiseaux, liées aux temps anciens du nomadisme, n'en finissent pas de retentir sur les premières visions du monde des taoïstes : croyance en l'immortalité de l'âme ; possibilité de susciter et d'interpréter les rêves (témoins indubitables d'un au-delà avec lequel certains peuvent communiquer) ; chevauchement des nuées blanches ou des grues jaunes pour se déplacer sur de longues distances ;

absorption de drogues pour faciliter la transe et l'extase. Le chamanisme reste présent aussi avec la fonction spécialisée, mais plus tardive, des *fao tche*, maîtres en sortilèges et guérisons, héritiers des sorciers et sorcières d'antan.

Quant au taoïsme proprement dit, ce n'est, somme toute, au départ qu'une classification de bibliographe, cherchant, au IIe siècle de notre ère, à faire entrer sous une même notion des œuvres aussi disparates que le *Livre de la Voie et de la Vertu* de Lao Tseu, les textes de Tchouang Tseu ou ceux attribués au mythique Empereur jaune Huangdi – tous, pour le moins, séparés de quelques siècles.

Ce sont d'ailleurs bien *des* taoïsmes, plutôt que *du* taoïsme, dont il faudrait parler, pour des doctrines dont l'efficace s'étend sur plus de vingt-trois siècles, et dont le Canon *(Daozang)*, aujourd'hui sauvegardé au temple des Nuages-Blancs de Pékin, comptait déjà, vers 1445, plus de mille titres d'ouvrages bien dissemblables.

D'autant qu'au cours de son histoire le taoïsme, croisant techniques physiologiques, religions constituées et spéculations philosophiques, s'entremêle à d'autres doctrines : le confucianisme, puis le bouddhisme. Se manifestent en son sein des courants bien différents, qui vont de l'École des Maîtres célestes, liée à la vie quotidienne des communautés agricoles, à l'École de la Perfection totale, organisée selon le modèle bouddhiste des communautés monastiques, en passant par la tradition de la Grande Pureté ou celle du Joyau sacré.

Mais ce qui nous intéresse ici, en dehors de toute approche historique, c'est uniquement le lien privilégié avec la cosmologie qu'entretient le taoïsme, tel qu'il se manifeste aussi dans le cas précis des pratiques de l'alchimie – et plus particulièrement de l'alchimie intérieure.

Dans cette approche cosmologique, à mi-chemin de la religion et de la philosophie, jouent un rôle essentiel le soleil, la lune et les étoiles – entendons surtout le Boisseau du Nord, notre Grande Ourse, et son Étoile polaire, présents bien sûr dans l'éternité du ciel, mais répétés aussi, à l'envi, dans l'organisation du corps humain.

La Légende de Lao Tseu

Impossible de dire l'alchimie taoïste sans parler de taoïsme, et impensable d'évoquer le taoïsme sans faire référence, ne serait-ce qu'un instant, à l'œuvre fondatrice attribuée à Lao Tseu, rédacteur supposé du *Livre de la Voie et de la Vertu*, le *Tao Te King*, qu'on célèbre souvent comme un des premiers livres de la doctrine.

De ce Lao Tseu on ne sait que la légende qui entoure sa naissance miraculeuse, sa disparition mystérieuse et ses réapparitions successives comme conseiller des Princes. Tout cela est si étonnamment merveilleux qu'on en vint peu à peu à douter de la réalité historique du personnage. On le dit annaliste, et donc archiviste astronome, à la Cour royale des Zhou orientaux, au VIe siècle av. J.-C., durant la période dite des Printemps et des Automnes.

Mais sa charge importante auprès de l'Empereur de l'époque dut laisser suffisamment en sa bouche un goût de cendres pour qu'à la fin de sa vie il décide de quitter son pays afin d'aller vers l'ouest et gravir le mythique mont Kouen Louen. Et, n'ayant jusqu'alors rien écrit, ce fut à l'homme contrôlant le passage Hang Gu,

qui marquait la frontière de la Chine d'alors, un certain Yin Hi, qu'il transmit oralement sa doctrine. Yin Hi, informé par le Maître, se retira et, de son pinceau, en un peu plus de cinq mille mots, mit le texte par écrit.

Ce gardien de la passe s'était construit, dit-on, une hutte, ou une tour de guet *(guan)*, pour regarder ceux qui passaient dans le défilé. Croyant reconnaître Lao Tseu alors que celui-ci chevauchait sur son buffle noir, il l'arrêta et sollicita ses propos. On raconte aussi, dans une autre version, qu'occupé d'astrologie, ayant observé les vents et les nuages, ce fut une lueur violette surnaturelle du côté de l'Orient qui prévint Yin Hi de la venue d'un Sage. Le gardien, sur plus de cent *li*, une cinquantaine de kilomètres, alla à sa rencontre. C'est avec lui, et après la rencontre merveilleuse, qu'il partit pour l'Occident. Et c'est depuis ce jour que le mot chinois *guan*, qui signifie « regarder » et par là même « observatoire », désigne aussi le sanctuaire qui rassemble les communautés religieuses taoïstes.

Le Maître des maîtres

Les dates coïncidant vaguement, une pieuse interprétation suppose que le voyage vers l'ouest, autrement dit vers les contrées lointaines de l'Inde, avait pour but de permettre à Lao Tseu d'aller lui-même apporter la bonne parole à Bouddha, dont on fit sans pudeur son disciple. De telle sorte que le bouddhisme, qui se diffuse en Chine autour du IIe siècle ap. J.-C., est d'abord interprété comme une variante du taoïsme.

C'est une même volonté de gommer les oppositions entre les doctrines qui fit naître la légende d'une rencontre de Confucius et

Lao Tseu. Confucius, étiquette oblige, se rend auprès du Sage. Là, silencieux, puisqu'on ne lui adresse pas la parole, il est admis à contempler le Maître, à la chevelure défaite, dont le corps de grand vieillard apparaît aussi desséché que du bois mort, dont le cœur qui bat à peine paraît déjà cendre morte. Sa pensée semble avoir abandonné le monde, quitté les hommes et pénétré à tout jamais dans la solitude éternelle. Mais Lao Tseu, sortant de sa méditation, de répondre simplement : « Mon cœur s'ébattait dans le commencement des choses… »

Les poètes inspirés par le taoïsme n'ont eu de cesse de célébrer ce voyage dans l'infini. Ainsi Li Bai a tracé de son pinceau ces caractères :

Dans les Huit Coins je voyage en nuage
Du jade, après mille ans, j'ai la couleur !
Dans l'infini, tournoyant, je m'engage
Courbant le front, je parle au Dieu du Ciel
{…}
Dans le Dao il voudrait que j'aille

Le commencement des choses

Revenir au commencement des choses, retourner à l'origine, tel est le but fondamental de l'ascèse taoïste, telle qu'elle se manifeste aussi dans les pratiques alchimistes. Certes, par *Tao*, il faut entendre d'abord, en son sens le plus immédiat, la Voie, le parcours à suivre, le chemin qui se constitue alors même qu'on chemine. Ou encore : méthode, règle de vie.

L'idéogramme archaïque du mot *Tao* éclaire ce qui compose son sens. D'abord, disposées de manière symétrique, des traces presque figuratives signifiant un pas à gauche, un pas à droite. Au milieu, un autre groupe de signes signifiant « tête », ou « premier », ou « chef ». Puis, en une forme archaïque, la figuration de l'eau. En dessous, le dessin stylisé du visage, avec une ouverture sur la droite permettant un passage : entrée de l'esprit, sortie de la matière. Au milieu, le nez, comme un promontoire sur la face. Enfin, en bas, la bouche, elle aussi lieu de passage pour la nourriture et pour la parole.

Le terme employé ici est *Tao*, mais il pourrait aussi bien être *Dao*. *Tao*, dans l'ancienne transcription de l'École française d'Extrême-Orient, est l'équivalent de *Dao* en pinyin, qui depuis les années quatre-vingt est le système officiel de transcription de la langue chinoise en caractères latins.

Selon le taoïsme philosophique et religieux, la Voie de la sagesse doit viser à atteindre l'antériorité. C'est cette antériorité, antérieure à tout, qui prend elle-même le nom de *Tao* (« Aller à l'origine des choses anciennes, c'est tenir le fil du *Tao* »). Qui dit antériorité suggère qu'il y a un avant et un après – autrement dit, une histoire qui ordonne. Il y a le Ciel, la Terre, l'Homme et les dix mille êtres. Certes, le *Tao* est présent en tout cela, mais, surtout, il est antérieur à tout cela.

Les mots, fabriqués par les hommes et qui fixent la particularité des choses, sont impuissants à dire cette antériorité. D'où les expressions contraires qui tentent (en vain) de reconnaître le *Tao* comme primordial : non-être qui fait naître l'être *(« Toutes les choses du monde sont nées de l'être, l'être est né du non-être »)* ; mais aussi être simple qui s'est répandu et a formé tous les êtres (« Le *Tao* est l'être simple qui n'a pas de nom »).

Mais la prééminence du *Tao* ne se réduit pas à son antériorité. Il diffuse dans la totalité des êtres qui sont dans le monde. Les plus nobles comme les plus vils. Il n'est nulle part où il ne soit : dans les fourmis, dans l'herbe, dans les tuiles et les tessons brisés, dans le purin même. Mais il ne s'y réduit pas, il les dépasse tous. Éternel et sans limite. Répandu, il subsiste et circule partout.

C'est seulement l'insuffisance des mots à l'épuiser (« Tout discours sur le *Tao* va contre le *Tao* »), l'incapacité native de l'homme à le circonscrire qui fait du *Tao* le lieu de toutes les contradictions. Il peut aller à gauche comme à droite. On peut l'appeler petit (« Il est constamment sans désir, on peut l'appeler petit »), on peut l'appeler grand (« Tous les êtres se soumettent à lui, on peut l'appeler grand »). Il est vide et il est profond. Éclairé et obscur. Grand et fugace. Proche et éloigné. D'où l'incipit du *Tao Te King*, célèbre entre tous, que chaque traduction nouvelle semble impuissante à rendre justement :

La voie qui peut être exprimée par la parole n'est pas la Voie éternelle ; le nom qui peut être nommé n'est pas le Nom éternel.

L'ESPOIR D'UNE ÉTERNELLE JEUNESSE

Le *Tao* est donc, à la fois, l'état premier, avant toute division, et le chemin qui fait retour vers cet état. Les hommes ont mis au point des pratiques particulières, gymnastique, diététique, techniques respiratoires, employées séparément, ou ensemble, pour tenter de retrouver le vraisemblable apaisement des origines.

Car à chaque instant la fin menace… La mort est notre constant horizon. Comme l'écrit le poète anonyme :

Notre lot dure autant que rosée du matin
La vie de l'homme : une halte rapide
Ses jours résistent moins que pierre ou que métal

Tout autour de nous s'offre aussi le spectacle des disparitions violentes et des vies brisées dans la fleur de l'âge. Et même lorsque les famines, les invasions et les maladies ont épargné les hommes, ceux-ci ne connaissent pas pour autant le paisible bonheur. Car la perspective de la vieillesse, enfin possible pour ceux qui ont échappé aux catastrophes, est celle, toujours menaçante, de la décrépitude et de la mort.

Échapper à ce sort commun, mettre au point des procédés de longue vie, conquérir une jeunesse éternelle, tels sont au cœur les projets de l'alchimie. Historiquement, cela a d'abord été le propre de l'alchimie opératoire *(wai tan)* – ou alchimie extérieure –, cherchant à mettre au point une drogue dont l'absorption rendrait l'homme immortel. Et ce avec des ingrédients, comme le cinabre, le mercure, le plomb, l'or, l'argent, et grâce des ustensiles, comme le fourneau et le chaudron, rendant possibles les cuissons et les coctions nécessaires. Tout faire pour fabriquer de l'or, métal réputé inaltérable. On suppose que cette propriété inouïe se propage par contact, d'où l'idéal d'une vaisselle d'or qui ne manquera pas d'avoir peu à peu un effet merveilleux sur ceux qui en usent jour après jour. Ce que rappelle l'historien Sima Quian rapportant le propos du magicien Li Shaojun s'adressant à l'Empereur :

Sacrifiez au fourneau et vous pourrez faire venir des êtres ; lorsque vous aurez fait venir ces êtres, la poudre de cinabre pourra être transmuée en or ; quand l'or aura été produit, vous pourrez en faire des ustensiles pour boire et pour manger.

D'où, aussi de manière plus lointaine, l'apologie du cannelier, arbre terrestre et lunaire, célébré par le poète taoïste Meng Haoran. On croit que son simple feu est capable de faire fondre l'or :

Je pense à vous, mon Maître,
dans la forêt de l'Est
Comme l'or qui se consume sur le bois
de cannelier

Telle est la voie héritée des premiers forgerons, maîtres du feu et explorateurs des minerais. Cette voie, en Chine, se met en place sous la dynastie des Han (206 av. J.-C.-220 ap. J.-C.) et des Tang (618-907), puis finit par connaître malgré tout un certain déclin sous les Song (à partir de 960).

Se développe alors l'alchimie intérieure *(nei tan)*, qui poursuit sensiblement le même idéal que l'alchimie extérieure: « permettre à l'adepte de monter au Ciel en plein jour ». Mais cette fois, c'est dans son propre corps que l'alchimiste installe son laboratoire. C'est en lui qu'il dispose symboliquement le fourneau et le chaudron. C'est avec ses viscères, ses souffles et ses fluides qu'il sécrète les perles et les élixirs. Cependant, pour l'essentiel, les processus de purification permettant la transformation corporelle et spirituelle sont encore décrits avec le langage de l'alchimie traditionnelle. Aussi, mais métaphoriquement cette fois, est-il encore question de cinabre, de mercure, de plomb et de feu.

Le précieux cinabre

Compte tenu de l'importance du cinabre dans toute la littérature alchimique, il convient de s'y arrêter davantage. On sait que le cinabre, minerai d'un vermillon plus ou moins lumineux, lourd et fragile, est non pas, comme on a pu le croire autrefois, le sang d'un dragon, mais, matière plutôt exceptionnelle, un sulfure de mercure.

Il se présente habituellement en masses terreuses ou microcristallines. En Chine, on le rencontre dans des calcaires, des argiles, des laves, parfois sous forme de cristaux dans des géodes de quartz. On l'extrayait habituellement des grottes des montagnes du Sud. Aussi le cinabre (en chinois *dan*) est-il figuré par un caractère qui représente un puits au fond duquel il y a une pierre. Soumis au feu, il dégage de la vapeur, se décompose, donne du soufre jaune et, à une température supérieure, se volatilise en déposant des gouttes de mercure.

Depuis la Haute Antiquité, on a attribué au cinabre des propriétés merveilleuses, liées à l'idée d'immortalité. Aussi en a-t-on trouvé des quantités importantes dans des tombes du VIe siècle avant notre ère. Et le tombeau de la dame de Dai, à Mawangdhui, datant de 186 av. J.-C., découvert il y a une trentaine d'années, présente quatre sarcophages emboîtés les uns dans les autres et soigneusement scellés. Le dernier contient le corps, immergé dans une solution de cinabre, remarquablement bien conservé : les articulations souples, les muscles toniques, les viscères pratiquement intacts. Substance rare et très recherchée par les alchimistes travaillant sur les minerais, son extraction difficile en faisait un produit hors de prix. Mais il y avait une croyance ancienne selon laquelle, dans la nature, l'or se change, au cours du temps, en cinabre. La pratique de l'alchimie opératoire vise à « retourner » ce processus, et, en inversant l'ordre naturel, à transformer le cinabre en or. Quoi qu'il en soit, le cinabre trouvé dans les profondeurs de la terre est considéré comme un concentré de l'énergie *Yang*, une essence de la puissance solaire capable de régénérer toute chose.

L'alchimie intérieure, plus tardive que l'alchimie opératoire, fait l'économie de tous les métaux et minerais, peu répandus et si coûteux, nécessaires aux transformations matérielles : le cinabre, mais aussi le plomb, l'argent et l'or.

Le cinabre demeure, mais il ne s'agit plus alors du sulfure de mercure, il s'agit de la chair de l'homme, devenu à lui-même son propre minerai. L'homme, le capital le plus précieux, à la source de toutes les valeurs, de toutes les richesses, à condition de se transformer et, une fois encore, d'inverser le cours des choses, de remonter le temps – et même de l'accélérer – grâce à la puissance réglée des souffles, en passant du cinabre au mercure, du mercure au plomb (qui ressemble si fort à l'argent), en arrivant enfin à l'or inaltérable. L'or non plus matériel, mais l'or symbolique, celui de la puissance solaire que nous portons, comme un joyau, au plus secret de notre être.

Le corps représenté

Au-delà de la description simpliste du corps, avec ses membres et ses extrémités, la pratique médicale chinoise, recourant sans complexes à la dissection et, parfois même, pour bien accompagner les supplices, à la vivisection, a eu tôt fait de compter cinq viscères *(zang)* (dont le nombre est, par chance, égal à celui des planètes) : les reins, la rate et le foie, les poumons et le cœur.

À quoi s'ajoutent et s'apparient des organes conçus comme réceptacles *(fu)* : l'estomac, la vésicule biliaire, l'intestin grêle, le gros intestin, la vessie.

Le corps, ce sont aussi trois espaces internes, pensés comme lieux de transformation, appelés champs de cinabre, en fonction sans doute de leur couleur d'un rouge intense liée à l'irrigation sanguine. Le champ de cinabre inférieur, entre le foie et les reins, au niveau du nombril, est appelé

« porte des lumières ». Le champ de cinabre médian, entre le cœur et la rate, est appelé « cour jaune », considérée comme le centre du corps tout entier. Enfin, le champ de cinabre supérieur, entre la tête et le cœur, est appelé « palais de Niwan ».

Le corps, ce sont aussi huit pouls, douze artères, cent quatre-vingts veines, trente-six mille capillaires... Dans ce décompte, où joue pleinement la magie des nombres, les os ne sont pas oubliés, trois cent soixante-cinq, aussi nombreux que les jours du calendrier solaire.

Mais surtout, une place importante est donnée à la colonne vertébrale, qui relie symboliquement le Ciel (la tête avec son cerveau) à la Terre. Certes, elle est composée de vertèbres, mais, plus encore, elle est imaginée comme un lieu de passage, avec des barrières. Ces points d'étranglement s'opposent à la libre circulation de la précieuse « essence d'or », produite par des exercices méthodiques du corps méditant, que l'adepte cherche à envoyer jusqu'au cerveau. Ces passages tout au long de la colonne vertébrale, comme nous le verrons, sont au nombre de trois.

Médecine et alchimie

Il est évident qu'il n'y a pas d'alchimie intérieure possible, faisant usage de pratiques ordonnées pour prolonger la vie et visant à une certaine efficacité, sans une connaissance préalable du corps humain et de ses organes, sans un certain savoir sur les mécanismes de la respiration, de la digestion ou de la circulation du sang. Aussi, les médecins chinois, que leur pratique oriente généralement vers un matérialisme sceptique, étant eux-mêmes, à titre personnel, le plus souvent adeptes du taoïsme et non du confucianisme ou du bouddhisme, l'alchimie taoïste a-t-elle eu, pendant tout un temps, partie liée avec la médecine pour connaître l'homme, représenté comme un univers en réduction à déchiffrer en tant que tel : un microcosme.

La médecine chinoise, donnant une large part à l'observation empirique (ses maîtres mots sont : inspecter, écouter et sentir, interroger, palper), a mis en avant la notion de flux d'énergie – ou de souffle – (le *Qi*) parcourant le corps, selon des trajets spécifiques, différents de ceux des artères et des nerfs.

Le corps se trouve ainsi animé par deux lignes majeures : l'une sur la face antérieure, appelée généralement « vaisseau concepteur » *(Ren Mai)* ou « canal de fonction » ; l'autre sur la face postérieure, le long de la colonne vertébrale, appelée « vaisseau gouverneur » *(Du Mai)* ou « canal de contrôle ». De chaque côté, symétriquement et à peu près verticalement, se répartissent six autres lignes, connues sous le nom de « méridiens » (le terme chinois *king* signifierait ici plus justement « canaux »), soit un total de douze méridiens en liaison avec les différents organes du corps, et répartis selon l'opposition du *Yin* et du *Yang*. Les trajets (même s'ils varient légèrement d'une école médicale à l'autre) en sont depuis longtemps parfaitement définis et répertoriés dans de volumineux atlas.

À cela s'ajoutent six autres canaux, parfois appelés « curieux » ou « extraordinaires », formant un système à part, sorte de rigoles de réserve dans lesquelles se déverserait l'excès d'énergie des douze autres méridiens.

Le long de chaque méridien – soit que le muscle soit moins épais, soit que le méridien soit moins profond – il existe des points se présentant comme des cavités ou des renflements minuscules, mais repérables à un doigt exercé, qui constituent autant de points d'acupuncture (les manuels comptabilisent près de sept cents points).

On sait le succès des méthodes de la médecine traditionnelle, permettant de sensibiliser ces points, soit par la pénétration d'aiguilles très fines d'or ou d'argent, enfoncées plus ou moins profondément sous la peau, soit par le réchauffement de ces points grâce à la combustion en surface de petits cônes d'armoise (la moxibustion), soit encore par la pression des doigts ou simplement des massages. Le propos reste le même : rétablir l'équilibre des énergies en agissant sur le *Yin* et sur le *Yang*.

LES VISCÈRES ET L'ORDRE DU MONDE

Mais pour la pensée chinoise ancienne, l'homme, comme microcosme, est aussi un élément pris dans un réseau plus général de déterminations : le macrocosme. Ses organes, au même titre que les saveurs et les vertus, ou que les saisons et les couleurs, n'échappent pas à la grille de lecture que fournit la théorie dite des « cinq agents », qui va, pendant plusieurs centaines d'années, interpréter, unifier et structurer dans une démarche préscientifique la diversité du réel.

Comme on le sait, cette théorie des cinq agents met en scène un ordonnancement du monde fondé sur une orientation en cinq espaces (les quatre points cardinaux :

l'Est, le Sud, l'Ouest, le Nord, plus un espace central dédié à la terre), auxquels se rapportent les éléments (le bois, le feu, le métal, l'eau), les saisons (le printemps, l'été, l'automne, l'hiver), certains animaux (le dragon, le phénix, le tigre, la tortue). Ainsi, pour le corps, tout se joue sur une opposition entre les reins (l'eau, le Nord) et le cœur (le feu, le Sud), tandis que le foie se rapporte au bois et à l'Est, et les poumons se rapportent au métal et à l'Ouest.

Et comme, en dernière analyse, tout renvoie au *Yin* et au *Yang*, les viscères du corps s'écrivent aussi dans la langue des trigrammes évoquée dans le *Yi King*.

D'abord, le plus important d'entre eux, le rein, trigramme *Kan*, deux traits *Yin* contenant un trait *Yang*, trace du *Yang* originel, de la semence mâle présidant à toute naissance. Puis le cœur, trigramme *Li*, deux traits *Yang* entourant un trait *Yin*, présence du féminin nécessaire à toute procréation, autrement dit à toute création.

On peut donc égrener la liste des viscères (le foie, le cœur, les poumons, le rein, la rate) en lui faisant correspondre point par point un trigramme: *Tchen*, le tonnerre, *Li*, le feu, *Touei*, le lac, *Kan*, l'eau. Il est possible de compliquer le jeu, en plaçant sur le tableau circulaire de la disposition selon le roi Wen, élaborée selon les huit orients, non seulement les viscères, mais aussi les réceptacles: vésicule biliaire, intestin grêle, gros intestin, vessie, estomac. C'est une ronde sans fin, où se placent aussi bien les organes des sens, les planètes, les différentes composantes du corps. Tout se correspond à la perfection, sinon que, d'un texte de référence à l'autre, des variantes viennent parfois troubler l'harmonie cosmique qui unit pourtant l'homme et le Ciel.

Les étoiles du destin

L'ordre humain est garanti par un ordre supérieur. Au-dessus de l'homme et de sa complexité, il y a l'ordre cosmique. Au sommet du Ciel, garant ultime, se trouve la constellation du Boisseau du Nord *(Pei Teou)*, demeure mythique des Sept Originels, que dans nos régions nous appelons la Grande Ourse, ou encore le Grand Chariot.

Cet ensemble se divise en un bol, appelé le Joyau pivotant, que figurent les quatre premières étoiles, et en un manche, délimité par les trois dernières, la traverse de Jade. Les astronomes chinois ont pensé que le Boisseau du Nord, à la verticale du mont Kunlun, île mythique au nord-ouest de la Chine, se situait au centre du Ciel. Si la première étoile de ce groupe occupe à peu près la position de pivot, on s'est aperçu que l'orientation du manche évoluait de manière cyclique au gré du déroulement des périodes solaires. L'orientation changeante du manche définit, en le prolongeant jusqu'à l'horizon, des « marqueurs » qui délimitent les douze mois de l'année.

Dans la cosmologie chinoise, tout est réglé en dernière instance par les étoiles qui forment le Boisseau. Ainsi, si les première et dernière étoiles forment l'axe fondamental de la Terre (première étoile) et du Ciel (septième étoile), les cinq autres étoiles commandent les cinq éléments. Mais, pour ce qui nous intéresse ici, il y a aussi correspondance entre chacune des étoiles de la constellation et les viscères. Tant et si bien que toute méditation taoïste établit un rapport avec les étoiles du Boisseau : le méditant cherche à faire descendre l'une après l'autre les divinités stellaires dans les différentes parties de son corps.

Mais cela n'a d'effet qu'à condition de respecter, à l'intérieur de chaque mois, une chronologie rigoureuse. Au début du mois la pensée fait descendre les étoiles vers le champ de cinabre supérieur (sommet de la poitrine, ou cerveau), au milieu du mois vers le champ de cinabre médian (entre le foie et la rate, ou bien au niveau du cœur), en fin de mois vers le champ de cinabre inférieur (entre le foie et les reins, ou bien vers le nombril).

Cette descente des étoiles peut aussi s'opérer d'une autre façon. De la première étoile (dont le nom magique est *kui*) vers le cœur, de la deuxième *(shuo)* vers les poumons, de la troisième *(huan)* vers le foie, de la quatrième *(xing)* vers la rate, de la cinquième *(bi)* vers l'estomac, de la sixième *(fu)* vers les reins, de la septième *(piao)* vers les yeux. Toujours est-il qu'il n'y a pas d'exercice magique sans visualisation de ces étoiles, qui, d'une manière ou d'une autre, viennent couvrir l'adepte de leur protection, en chassant les maléfices. Il y a des lieux privilégiés du corps, destinés plus particulièrement à accueillir les étoiles : sur la gauche, la paume de la main, le coude, le sein ; puis, centralement, le cœur ; enfin, sur la droite, au niveau de l'estomac, du genou et, pour finir, du pied. Après une invocation et un avalement de souffle, toutes les étoiles descendues qui s'étaient placées à gauche passent à droite, et inversement.

Mais il est possible aussi de se loger dans le Boisseau, non plus, cette fois, en le faisant descendre sur soi, mais au contraire en s'élevant symboliquement jusqu'à lui. Tout commence en dessinant sur le sol l'emplacement des étoiles, puis en se plaçant à l'intérieur de ce berceau les bras en croix, de manière à pouvoir toucher certaines étoiles. Un effort puissant et soutenu permet alors de faire venir à sa rencontre les majestueuses divinités célestes associées à chacune des étoiles.

Le corps est un paysage

C'est peut-être l'exercice de la pensée, si fruste soit-elle, qui nous fournit l'expérience d'une parole silencieuse logée en notre corps, comme s'il y avait quelque part un vide intérieur d'où elle chercherait à s'exprimer. À cela s'ajoute l'évidence des creux qui ponctuent la communication de notre corps avec l'extérieur, listés dans les neuf orifices : les deux oreilles, les deux yeux, les deux narines, la bouche, l'anus et la vessie. Plus encore, il y a les souffles si poétiques, celui du ciel qui communique avec les poumons, le souffle de la terre qui a partie liée avec la gorge. Il y a le souffle du vent qui communique avec le foie, celui du tonnerre qui correspond avec le cœur, celui des céréales avec la rate. Enfin, le souffle des pluies qui communique avec le rein.

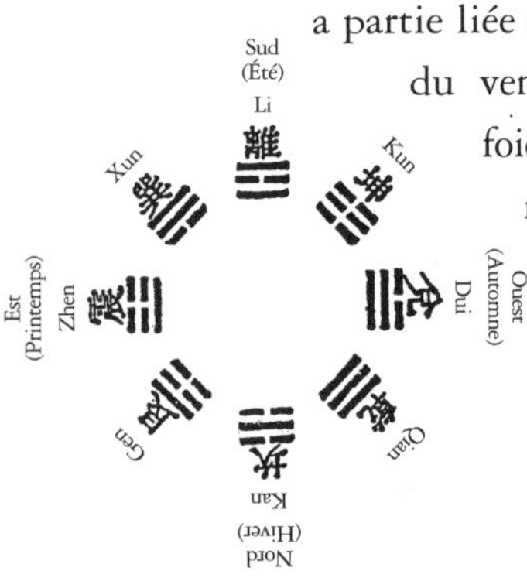

Disposition du roi Wen des Huit trigrammes.

Fleuves et mers investissent aussi ce corps : les six grands méridiens font office de fleuves, les intestins et l'estomac sont comme des océans, les neuf orifices sont des canaux d'irrigation.

Le plus décisif sans doute est que l'intérieur (du corps), dans la tradition chinoise, ne peut être qu'en harmonie avec l'extérieur (du monde). Or ce monde est composé de montagnes, avec au plus profond des antres et des cavernes d'où s'exhalent en volutes incessantes les brumes et les nuages. Des pentes des pics ruissellent les eaux qui, rassemblées, formeront les rivières et les énormes fleuves. Il y a des vallées et des lacs, des îles et des lieux saints, des forêts et des champs. Parfois le paysage s'apaise et des ponts enjambent les ruisseaux. Autour des villages, non loin des aires sacrées, qui sont autant de lieux de culte, on devine des greniers et des entrepôts.

LES CAVERNES DU CORPS

Le corps est à l'image de ces paysages. La tête est une chaîne de montagnes entourant un lac. En son centre se dresse un palais. Il est en tout point analogue au *Ming Tang*, le palais des Lumières, dont les neuf pièces se distribuent selon l'ordonnancement de la maison du calendrier, bâtiment sacré au centre duquel l'Empereur, se tournant successivement vers les différents orients, jadis gouvernait le monde.

Face à ce lac s'ouvre une vallée (le nez) gardée par deux tours (les oreilles). Dans l'une est suspendue une cloche, symbole du Ciel. Dans l'autre, une pierre sonore, symbole de la Terre. Elle bourdonne et tinte au passage de ceux qui entrent ou qui sortent. Un ruisseau sourd en fontaine et provoque la salive, appelée poétiquement « liqueur de jade ». Sur ce lac de jade, la langue, à condition d'être relevée vers la voûte du palais, forme un pont, supposé être le « pont des pies » *(xiquian)*. Plus bas, une tour à douze étages, la trachée aux douze anneaux, marque la frontière entre le monde supérieur (la tête) et les contrées intermédiaires (la poitrine).

La poitrine, contient le cœur, représenté par l'imposante demeure du « palais écarlate ». Autour d'elle, des nuages symbolisent les poumons. Au-delà, les étoiles du Boisseau du Nord. Un peu plus bas, la rate – conçue comme la « cour jaune » – aire sacrée propice aux sacrifices, centre du corps. Près d'elle, lieu de retraite, la vésicule biliaire, appelée « chambre pourpre ». Au milieu, l'« entrepôt », autrement dit l'estomac. Plus loin encore, une forêt qui marque l'emplacement du foie. Enfin, au niveau des intestins, s'élèvent, monuments familiers, les autels des Dieux du Sol et des Moissons.

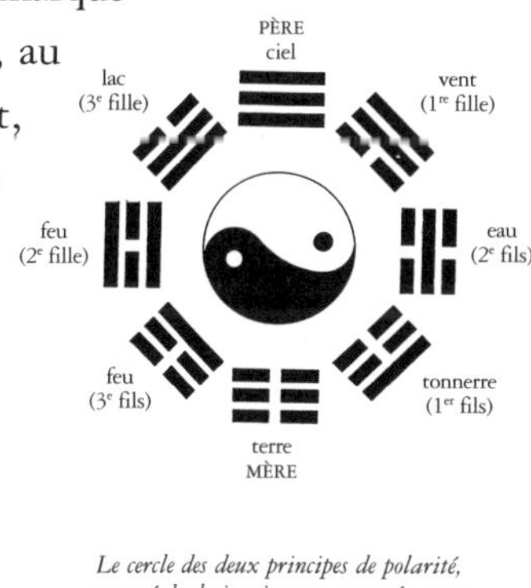

Le cercle des deux principes de polarité, entouré des huit trigrammes représentant les huit éléments primordiaux.

Quant au troisième espace, il est situé autour du nombril, que les reins, un peu en arrière, occupent symétriquement, et que l'on croit formés en premier au cours de la gestation, à partir du sang maternel *(Yin)* et de la semence paternelle *(Yang)*. Rein droit apparaissant d'abord dans l'embryon s'il s'agit d'un garçon, au contraire rein gauche constitué d'abord s'il s'agit d'une fille. C'est là que s'étend, jusqu'au sexe, le champ de cinabre inférieur, le plus important car lieu de la source de vie, donnant sur le « portique obscur », appelé aussi « passe originelle » ou « sortie terminale ».

Les neuf palais de la tête

Long poème tout entier composé de sept caractères, et destiné à être psalmodié et, mieux encore, appris par cœur, le *Livre de la Cour jaune (Houang Ting King)* est le premier classique taoïste à décrire, mais de manière cryptée, l'organisation du corps en champs de cinabre et en palais peuplés de divinités.

Enfermez-vous dans votre chambre
Et, face à l'est, récitez le texte de jade
Au terme de quelque dix mille récitations
Son sens vous sera manifeste

D'autres textes du mouvement de la Grande Pureté (vers les IVe-Ve siècles), par exemple le *Ta Tong King* ou le *Sou Ling King*, fournissent à qui mieux mieux mille et un détails. À chaque fois, une place particulière est faite à la description du cerveau. Sans doute parce qu'il est perçu comme commandant au reste du corps, mais surtout parce qu'il représente directement l'instance du Ciel en l'homme.
Il ne faut évidemment pas espérer y trouver

une description tant soit peu scientifique, fondée sur l'expérimentation. On sait qu'il faudra attendre, pour cela, la fin du XIXe siècle. Cependant les médecins du temps, relayés par les penseurs taoïstes, pressentant la complexité du cerveau, multiplient les indications et vont jusqu'à donner des mesures : à un pouce du front, à deux pouces du front, à trois pouces, etc. En fait, tout se passe comme si la tête, sorte de Cité impériale, était composée d'une série de neuf palais, mais – l'homme étant un microcosme – de palais en modèles réduits, sortes de petits cubes réguliers, chacun d'un pouce de côté, placés en enfilade. Une première enfilade de cinq palais, une seconde, un peu en dessus, de quatre.

D'abord, un portique où, selon l'usage, on entre de côté, soit par la gauche (portique jaune), soit par la droite (terrasse écarlate). S'y trouvent des esprits, semblables à de très jeunes enfants, vêtus d'habits de couleurs, tenant à la main des grelots de feu liquide qu'ils agitent chaque fois qu'un personnage cherche à pénétrer plus avant. À ce portique est attenant le palais de la salle du gouvernement ou palais des Lumières *(Mingtang Gong)*.

Les palais se succèdent : celui de l'Arcane, celui du Champ de cinabre, celui des Perles mouvantes (en allusion au mercure), enfin celui de l'Empereur de Jade. Dans la littérature taoïste, le plus célèbre de ces cinq palais est celui du milieu, le palais du Champ de cinabre, qui donne généralement son nom au cerveau tout entier, sous l'appellation de « palais du *Niwan* ». C'est à cet endroit que l'on cherche à conduire le souffle au cours des différents exercices. Un peu au-dessus, il y a une autre série de quatre palais, habités également par de nombreuses divinités masculines et féminines, dont l'adepte doit absolument mémoriser les places, les titres, les noms, les insignes et les vêtements, de façon à pouvoir instamment prier successivement chacun d'entre eux de se présenter au cours de sa méditation, sans que vienne se glisser subrepticement quelque démon malfaisant.

Un jeune garçon vêtu de toutes les couleurs

Le corps n'est donc pas fait d'une matière compacte, obscure et impénétrable. Il a tout à la fois la consistance et la fluidité d'un paysage, avec ses fleuves et ses mers, ses espaces délimités, mais qui communiquent sans cesse entre eux, ses palais impériaux ou princiers, ses demeures et ses enceintes.

Il y manque encore les animaux et les êtres humains. L'adepte taoïste, en sa méditation, ne va pas tarder à les convoquer. Se plaçant au sud, il convient d'abord de s'orienter vers le nord, qui à lui seul symbolise toutes les directions, ou encore de se placer face à l'est. Mieux encore, on choisit son orientation en se plaçant dans la direction, chaque fois changeante, marquée par l'orientation du manche de jade du Boisseau du Nord.

Toute méditation débute par la délimitation d'une enceinte sacrée qui sépare le célébrant des maléfices qui, sournoisement, le menacent. Chacun des animaux est men-talement représenté à sa bonne place, en liaison avec les quatre points cardinaux garants de l'ordre cosmique. Face à soi (Nord) la tortue sombre, sur la gauche (Ouest) le tigre blanc, sur la droite (Est) le dragon vert, en arrière (Sud) le phénix rouge.

Peu à peu, à la place de ces animaux, on s'efforce de visualiser un jeune homme portant les couleurs tout à la fois de sa direction et du viscère qu'il représente… Au nord, un garçon vêtu de noir (les reins) ; à l'ouest, un garçon vêtu de blanc (les poumons) ; à l'est, un garçon vêtu de vert (le foie) ; au sud, un garçon vêtu de rouge (le cœur).

Ainsi l'épaisseur muette de la matérialité du corps, obstacle à la connaissance, est-elle progressivement annulée. La vue intérieure du corps et de ses organes lui donne vie. C'est la condition première de toute maîtrise de soi.

Mais ces jeunes gens, représentés d'abord d'une manière un peu maladroite à la place qui leur convient, finissent par être bien vivants. Aussi chacun exhale-t-il un souffle coloré, une vapeur que l'adepte absorbe pour la réintégrer dans son propre corps. Vapeur qui viendra vivifier, un par un, ses propres organes.

Grâce à cet incessant mouvement, il y a correspondance entre l'extérieur et l'intérieur, entre le monde et le corps. Tout s'accorde : les orientations, les couleurs, les organes, les animaux héraldiques, les jeunes hommes de toutes les couleurs qui peuplent le corps, tantôt dehors, tantôt dedans. L'énergie circule. L'ordre cosmique est dévoilé, préservé et répété.

La perfection de l'embryon

Les taoïstes imaginent l'état de l'embryon dans le sein maternel comme un état de perfection. C'est la perfection première d'une respiration qui, n'ayant pas besoin de recourir à l'atmosphère terrestre, est tout entière animée du souffle vital et placée exclusivement sous le signe *Yang*. À cette respiration est donné le nom de « souffle antérieur » (ici dans le sens d'antérieur à la naissance et même d'antérieur à la création du monde matériel).

Mais cette respiration parfaite va cesser à la naissance, au profit d'une autre respiration, somme toute très inférieure, celle qui nous met en contact avec l'atmosphère, et qui prend le nom de « souffle du ciel postérieur », ou encore « souffle correct ».

L'enfant qui vient de naître bénéficie d'un état de grâce. Le poète dit même que le nourrisson est tel que « les insectes ne le piquent pas, les animaux sauvages ne le griffent pas, les oiseaux de proie ne le saisissent pas ».

Et, reprenant les paroles du *Tao Te King*, Tchouang Tseu insiste :

> *Le nouveau-né vagit tout le jour sans en être enroué, tant est parfaite l'harmonie de sa constitution. Il serre ses mains tout le jour sans faire d'efforts, car il partage l'énergie première. Il regarde tout le jour sans que ses yeux bougent, car le monde extérieur n'existe pas pour lui.*

Certes, durant sa formation et jusqu'à l'âge de quinze ans, l'enfant, en se développant, accroît le souffle *Yang* originel. Mais passé cet âge, l'adolescent, avec notamment la découverte de la vie sexuelle, commence à perdre ce souffle. Débute alors un lent processus de dégradation de la puissance spirituelle et vitale, dans lequel le souffle originel, mêlé au souffle du Ciel postérieur, s'échappe inexorablement. Cela se traduit, dans le corps, par un accroissement du *Yin*, cause des maladies, puis de la mort. Dans ce conflit entre le *Yang* et le *Yin*, ce dernier, excepté dans la pratique alchimique, l'emporte toujours.

L'état embryonnaire est aussi le moment de perfection où – nourri par le souffle *Yang* – deux principes sont unis : le *sing*, nature innée, souffle d'avant la naissance, et le *ming*, force vitale, matière qui correspond à la vie. La naissance, là encore, est rupture entre ces deux principes, l'un qui va se loger au niveau du cœur (le *sing*), l'autre qui s'installe au niveau des reins (le *ming*). Plus jamais, sauf dans l'ascèse alchimique, ces deux principes ne se retrouveront rassemblés.

L'embryon alchimique

Puisque le cours normal des choses mène à la mort, il faut partout inverser les processus, si l'on souhaite, pour soi-même, accéder à l'immortalité.

Ainsi on sait que dans l'union sexuelle, lorsque l'essence séminale suit son cours, elle donne naissance, au bout de trois cents jours, à un être extérieur, condamné, tôt ou tard, mais inexorablement, à la mort. Si l'on veut échapper à la loi commune, il faut inverser le cours naturel de cette essence pour faire apparaître, sans recourir à l'autre sexe, à son profit et dans l'espace de son propre corps, un embryon d'un nouveau type qui puisse ultérieurement donner vie à un être d'immortalité. Aussi le lent, minutieux et surprenant travail de l'alchimie intérieure se fait-il principalement en trois étapes : d'abord faire naître un embryon, puis le nourrir pour en faire un enfançon alchimique, et enfin assurer sa sortie, comme Immortel, dans le Vide primordial du Ciel.

Tout cela est possible en tenant compte des espaces et des matériaux qu'offre le corps. Les espaces les plus évidents, nous les connaissons déjà : celui du cinabre inférieur, autrement dit le ventre ; celui du cinabre médian, autrement dit la poitrine ; celui du cinabre supérieur, autrement dit la tête, en rapport avec le Ciel. Le matériau de base est le feu, autrement dit la respiration elle-même, mais une respiration mesurée, contrôlée, souvent même quasiment suspendue.

À chacun de ces espaces correspondent des principes spécifiques. Le ventre est, on le sait déjà, le domaine de l'essence *(Jing)* séminale. La poitrine est le lieu du souffle *(Qi)*. La force spirituelle *(Shen)* est le principe du champ de cinabre supérieur. Tout un travail, propre à l'alchimie intérieure, consiste à purifier chacun des principes en jeu : affiner l'essence pour la transformer en souffle, affiner le souffle pour le transformer en force spirituelle, affiner la force spirituelle pour la faire retourner au Vide. Tandis que la vie naturelle fait passer de l'un au multiple, la vie spirituelle inverse le processus et permet, au contraire, de passer de la multiplicité à l'unité primordiale.

Toujours plus de Yang

La mise en marche du travail alchimique vise à produire, dans l'immobilité apparente de l'ascèse, toujours plus de *Yang*, moyen de réduire et même d'éliminer la présence du *Yin*. Pour cela, l'adepte ne dispose que d'une technique respiratoire particulière et que de ses propres viscères, dont les plus importants sont incontestablement les reins et le cœur.

La respiration souhaitable est celle où l'on inspire beaucoup et où l'on expire le moins possible, de manière à provoquer une union du souffle originel et de l'air extérieur, et à produire ainsi un excédent de souffle. La rétention, quasiment totale, de la respiration est un idéal clairement poursuivi.

Les reins, c'est le trigramme *Kan*, certes avec une majorité de traits *Yin*, mais en son centre un trait *Yang*. Le cœur, c'est le trigramme *Li*, certes avec une majorité de traits *Yang*, mais en son centre un trait *Yin*. Et c'est ce trait central qui compte le plus.

On sait aussi que ce qui est *Yang* monte naturellement, que ce qui est *Yin* descend. Pourtant la respiration réglée de l'adepte va réussir à retenir momentanément la montée du souffle *Yang* venant des reins et produisant le feu véritable. Elle va réussir aussi à freiner la descente du fluide de *Yin* venant du cœur et composé d'une eau véritable. Si bien que le *Yang* qui monte va pouvoir, pendant tout un temps, rencontrer le *Yin* qui descend.

Cela se joue à travers une représentation cosmique, s'appuyant sur la disposition du roi Wen, chère au *Yi King*. *Kien*, le père, attire vers le haut *Kan*, son fils cadet (autrement dit, le rein) ; *Kouen*, la mère, attire vers le bas *Li*, sa fille cadette (autrement dit, le cœur). Et si le père attire vers le haut, c'est, on l'aura compris, parce que composé tout entier de traits *Yang* – et le *Yang* s'élève. Et si la mère attire vers le bas, c'est parce qu'elle est toute entière composée de traits *Yin* – et le *Yin* descend. Enfin, au cours de la méditation, la visualisation permet à l'adepte de se donner, sous forme d'une histoire dramatique, une représentation des phénomènes physiologiques : la montée du *Yang* – le *Yang* véritable – contenu dans les reins, c'est celle d'un jeune garçon habillé de rouge ; la descente du *Yin* – le *Yin* véritable – contenu dans le cœur, c'est celle d'une jeune fille habillée de noir. Inévitablement, au niveau de la chambre jaune, les deux jeunes se rencontrent. L'entremetteuse est là qui arrange au plus vite le mariage. L'un et l'autre entrent dans la chambre nuptiale et consomment l'union, en devenant mari et femme. Puis les jeunes gens se séparent et chacun reprend sa route pour revenir à son lieu d'origine.

L'union du tigre et du dragon

Ainsi s'opère une liaison entre le haut et le bas, le cœur avec les reins. L'union des contraires n'est pas achevée pour autant. Un second échange s'effectue, mais cette fois entre la gauche et la droite : entre le foie (à gauche) et les poumons (à droite).

La visualisation est alors celle du dragon vert de la mer de l'Est (le foie), qui s'oppose au tigre blanc du mont de l'Ouest (les poumons). Un combat formidable s'annonce : le dragon et le tigre se rencontrent, menaçants ils tournent l'un autour de l'autre, puis se livrent une bataille féroce.

L'adepte, en inspirant, attire le tigre vers le haut, alors qu'il aurait tendance à descendre. En emplissant sa bouche de salive, il empêche le dragon de monter et le force même à reculer. Aussi le combat entre le souffle et le fluide se poursuit sans relâche jusqu'au moment où, enfin, les deux bêtes

s'unissent et pénètrent toutes deux dans la cour jaune, ou bien encore, selon certaines versions taoïstes, dans la grotte du palais écarlate, cavité située juste au-dessous du cœur.

La relation cosmique la plus évidente, qui préside à toutes les tensions, est celle du Soleil et de la Lune. Comme on le sait, elle

joue dans l'opposition du cœur (le Soleil) et des reins (la Lune). Elle se retrouve avec le foie, demeure des âmes *hun*, qui correspond au soleil, et les poumons, qui correspondent à la lune, demeure des âmes *po.*
Cette union, comme toujours, vise à accroître la quantité de *Yang*. Encore faut-il acheminer ce surcroît de vitalité jusqu'au cerveau, autrement dit le palais du *Niwan*.

Franchir les barrières

La méditation intense et prolongée que s'impose, sur des mois, l'adepte d'alchimie intérieure vise à produire toujours plus de souffle, non pas le souffle ordinaire qu'alimente la respiration, mais le souffle véritable où domine le *Yang*, principe mâle d'ordre et de lumière, opposé au *Yin*, féminin et obscur.
Ce souffle, on vient de le voir, naît d'un jeu réglé où s'échangent les puissances des reins et du cœur, du foie et des poumons. Le souffle circule : il monte en tant qu'il est *Yang*, mais, en tant qu'il est *Yin*, il descend. Il provoque une chaleur qui s'élève et envahit peu à peu tous les membres, mais, en même temps, il fait naître aussi une fraîcheur venant de la salive concentrée et qui se diffuse dans tout le corps.
C'est une concentration exacerbée de la pensée qui permet à l'alchimiste de commander à la dispersion des souffles. La voie royale est celle de la colonne vertébrale, pensée comme pilier reliant la Terre au Ciel et parfois comparée à la Voie lactée, ou, tout aussi majestueusement, au fleuve Jaune.
Mais sur cette voie le cheminement est difficile : comme dans une vallée de haute montagne, avec ses ressauts et ses défilés, il y a des passes étroites qui doivent être franchies. Une première passe, tout en bas, est celle du coccyx, dite « passe Weilu ».

Une seconde passe, la « passe Jiaji », enserre l'épine dorsale, au niveau de la quatrième vertèbre dorsale. Elle est double : constituée d'une part d'un chemin qui permet au *Yang* de monter au cours de l'inspiration, d'autre part d'un chemin qui permet au *Yin* de descendre dans l'expiration.

Enfin, une troisième passe se situe au niveau de la nuque. Elle est appelée « passe Oreiller de jade ». Elle est la plus difficile à franchir.

Le cheminement de l'eau et du feu, autrement dit la salive et le souffle, remontant le long de la colonne vertébrale, est visualisé par trois chars. D'abord, un char tiré par un mouton, avançant lentement ; ensuite, un char tiré plus vivement par un cerf ; enfin, un char tiré en force par un buffle – le char pourpre –, nécessaire pour permettre la sortie hors du corps de la force spirituelle *Yang*.

SORTIR DE SOI

Purifier absolument le corps, tel est le but ultime de la méditation taoïste. Cette purification du *Yin* en *Yang* porte, l'un après l'autre, sur chacun des viscères. Elle parvient à chaque fois à en développer l'esprit *(shen)*, c'est-à-dire leur partie la plus subtile. Lorsque le *Yin*, au cours d'une ascèse qui peut durer plusieurs mois, sinon plusieurs années, a été totalement éliminé, les souffles *Yang* s'unissent en un seul souffle : c'est alors l'union harmonieuse des Trois Fleurs, autrement dit de l'Essence, du Souffle et de l'Esprit.

Dans la profonde pénombre de la méditation, les yeux fermés et le cœur obscurci, le Sage a l'impression qu'il va s'envoler tant son corps est léger. Le monde extérieur aboli, regardant à l'intérieur de lui-même, un souffle pourpre l'envahit et tout devient lumineux. Sans plus d'efforts le souffle

circule de lui-même, tantôt vert, comme s'il venait de l'Est; tantôt rouge, comme s'il venait du Sud; tantôt blanc, comme s'il venait de l'Ouest; tantôt noir, comme s'il venait du Nord. S'y joint le souffle jaune du Centre. Ces cinq souffles s'assemblent pour former un nuage de cinq couleurs.
Alors, dans une sérénité parfaite, comme dans un envol final, l'esprit s'unit au Vide primordial du *Tao*. Le dragon de feu s'élance vers la porte céleste.

Les approches de la méditation

Mais que de difficultés à surmonter, que d'échecs possibles, que de précautions à prendre et de chemins abrupts à parcourir pour en arriver là! Tandis que les seigneurs et les gens d'importance se livrent aux activités du siècle, le Sage taoïste, à moins d'être un temps conseiller des princes, vit retiré du monde. L'idéal est celui des ermites qui, souvent pour fuir, ont gagné les montagnes inaccessibles et leurs grottes secrètes, herborisent les simples, fréquentent à l'occasion les Immortels, puis, au fil du temps, disparaissent sans qu'on sache très bien ce qu'ils sont devenus, sinon que parfois on croit les avoir revus plusieurs siècles plus tard.
Mais ne devient pas sage simplement qui le déclare ou le veut. Il y faut une ascèse permanente, entreprise si possible depuis le plus jeune âge (vieillards s'abstenir!), et se poursuivant sans faiblir durant de nombreuses années. Le disciple est prévenu: il n'est pas permis de s'éloigner du *Tao*, même pour un instant.
À chacune des méditations – si possible, plusieurs par jour –, il convient de respecter préparation et cérémonial. Dans une vision de l'univers où il y a le monde bariolé des humains (les dix mille êtres) et

celui des Dieux, l'espace exigeant de la méditation est à la charnière. N'y pénètre que celui qui le mérite vraiment et qui – pour assurer le succès de sa démarche – respecte scrupuleusement, et à chaque fois, un grand nombre d'impérieuses approches.

Il convient de se fermer au monde extérieur, à ses prétentions, à son vacarme et à son lot de sensations. C'est donc, selon la formule bouddhiste, écarter les six désirs – c'est-à-dire le désir de vivre, le désir d'éviter la mort et les quatre désirs dictés par les sens. D'où la règle de ne pas laisser ses oreilles entendre des voix ou des cris, ne laisser ses yeux voir rien de désirable, ne pas laisser son nez aspirer de mauvaises odeurs, ne pas laisser sa bouche gâtée par les cinq saveurs (acide, amère, douce, âcre, salée).

Il convient aussi de se fermer au monde intérieur des émotions vaines et des pensées futiles, autrement dit rejeter les sept passions : la joie, la colère, la tristesse, la peur, l'amour, la haine, la convoitise.

Tout cela implique, sans répit, une série d'opérations de purification physique et mentale.

D'où, facilitée par l'obscurité d'une vie cachée et par une relative solitude loin des femmes et des animaux, prolongeant peu à peu la perte de conscience du monde extérieur et de son corps, la pratique du silence, écartant tout aussi bien les paroles à haute voix que le dialogue intérieur. Silence vivement recommandé par les manuels : « Même pendant le temps de repos, sois silencieux comme un enfançon. »

D'où la pratique du jeûne, qui prend la forme d'une diète continue : s'abstenir de consommer du sang, donc de la viande, du vin, des plantes à saveur forte, comme l'échalote, l'oignon, le poireau, le gingembre… Et, plus sévèrement encore, refuser de consommer les cinq céréales – riz, millet, blé, avoine, haricots : car les cinq céréales, réputées nourrir les trois cadavres que nous portons en nous-mêmes, *« sont les ciseaux qui coupent la vie, elles pourrissent les cinq viscères, elles font que la vie est courte. Si un grain entre dans ta bouche, n'espère pas la Vie éternelle ! Si tu désires ne pas mourir, que ton intestin en soit libre »*.

D'où la pratique, juste avant de commencer la méditation, des ablutions avec une eau pure, dans laquelle on a jeté, sous forme de bandelettes de papier ou de cendres, les charmes qui conviennent, et où ont macéré des feuilles de bambou, des écorces de pêcher, des orchidées. Ce qui permet, en se lavant les yeux, en se rinçant la bouche, en se vidant le ventre (car il importe de se débarrasser des excréments), d'éliminer tous les restes du monde profane, rêves et nourriture, et de se préparer à la vision intérieure.

De même les vêtements et le corps auront été soigneusement lavés, pour répondre à la règle de pureté.

Les pratiques du corps

De la pureté avant toute chose. Telle est la condition première, après en avoir enjambé le seuil, pour pouvoir pénétrer dans le local réservé à la méditation : à défaut de l'espace libre des montagnes ou des forêts, la demi-obscurité d'une chambre haute et vaste, à l'abri des bruits quotidiens, avec une natte ou un lit, et dont l'ameublement fruste se réduit à une table et un coffre.

Avant de débuter la méditation, il convient encore de brûler de l'encens pour purifier la pièce. D'où l'importance du brûle-parfum, en forme de montagne miniature, représentant symboliquement le mont Kouen

Louen, situé au nord-ouest de la Chine, aux confins de l'univers, pilier du Ciel s'étendant au-delà de la Terre, des sources jaunes souterraines jusqu'au Boisseau du Nord, centre de la voûte céleste. Comme le dit le poète :

Sur les braises ardentes du brûloir de jade
vibre la fumée

Et, dans la tradition, sont convoqués sans tarder les quatre animaux héraldiques, gardiens des orients, à l'est le dragon vert, au sud l'oiseau rouge de feu, à l'ouest le tigre blanc, au nord la noire tortue enlacée avec le serpent ; à moins que n'apparaissent, vêtus des mêmes couleurs, de jeunes garçons ou de jeunes filles de jade. Moyen de former une enceinte sacrée, de se protéger des esprits mauvais et de se prémunir contre l'arrivée intempestive des profanes. Quant à la position convenable du corps, elle a beaucoup varié au cours du temps. Jadis on s'allongeait sur le lit au « matelas profond et tiède », ou bien, plus simplement, sur la natte à la barbe de dragon, le torse bien droit. Puis il a été recommandé d'être assis en tailleur, selon la pratique constante du bouddhisme *chan*, pour faciliter la circulation du souffle, les jambes croisées, la gauche se posant sur la droite, les mains sur les cuisses, paumes ouvertes et superposées. Il y a aussi, mais plus rares, des images de méditation où l'on voit le Sage marcher ou être simplement debout. On dit même que jadis on méditait la tête en bas, en se pendant par les jambes.

Puis, tandis que l'adepte continue d'obscurcir son cœur (autrement dit, n'avoir plus aucune pensée particulière), il écarte les mauvaises influences en grinçant des dents, en trois séries de douze grincements : à gauche, en faisant résonner une cloche,

symbole du Ciel ; puis à droite, en faisant résonner une pierre, symbole de la Terre. Enfin, il fait battre un tambour céleste, en claquant des dents, du bas vers le haut, pour convoquer les esprits divins.
Pour renforcer la concentration, on plie les pouces des deux mains, en appuyant sur la troisième phalange du majeur, et on serre ferme.
Pendant toutes ces opérations préalables, la langue touche légèrement, mais continûment, la voûte du palais, à peu près en son centre, de manière, pensent les taoïstes, à établir un pont entre le « vaisseau concepteur » *(Ren Mai)* sur la face antérieure du corps, correspondant à une circulation *Yin*, et le « vaisseau gouverneur » *(Du Mai)* sur la face postérieure du corps, correspondant à une circulation *Yang*. Seul ce pont rend possible la distribution, dans le corps, de l'énergie vitale. D'évidence en tout cas, cette position de la langue provoque l'abondance de salive (la « liqueur de jade »), avalée, lorsqu'elle remplit la bouche, en penchant la tête, pour qu'elle aille en haut réparer le cerveau, ou en baissant la tête, afin qu'elle s'écoule pour baigner les cinq viscères.

LE PONT DES PIES

Et comme tout se tient, on retrouve ici l'écho de la légende du Bouvier et de la Tisserande, immobilisés à tout jamais sous forme de ces deux étoiles séparées par le fleuve céleste de la Voie lactée. Rappelons-nous ce que dessine le pinceau du poète Cao Pi :

Le fleuve d'astres coule à l'ouest, noire est la nuit
Bouvier et Tisserande au bord de la rivière
Ne peuvent la franchir

Si ce n'est, on s'en souvient, que les Dieux compatissants, le septième jour du septième mois lunaire de chaque année, autorisent, pour une courte nuit, les deux amants à se retrouver, grâce au pont éphémère que forment les pies jacassantes. La Tisserande est *Yin*, sa voie est celle du canal de fonction. Le Bouvier est *Yang*, sa voie est celle du canal de contrôle. Ces deux canaux peuvent communiquer au sommet du corps, grâce au « pont des pies », c'est-à-dire grâce à la langue touchant le palais, comme ils communiquent déjà grâce à un pont inférieur situé au point le plus bas du corps, la « cavité du fond de la mer » (point *Hai Di*). Ainsi, connectée dans le corps, et par le haut et par le bas, l'énergie (autre nom du Souffle), peut-elle, en anneau, circuler totalement.

La mort inéluctable

La méditation, on l'aura compris, joue un rôle considérable. Les mots peuvent y aider – non, comme c'est le cas dans une civilisation du Livre, en étant déchiffrés, soupesés, décortiqués, mais plutôt en étant répétés dans une psalmodie sans fin. À dire vrai, rien ne peut s'obtenir seul. Il y faut un Maître.

Sa fonction première n'est pas d'accueillir et d'informer, mais de rebuter. Si l'on est accepté, après tant et tant d'années d'ascèse, le maître, interrogé, murmurera quelques propos sibyllins et détournés à interpréter. Il donnera même aux meilleurs des disciples, en matière de respiration et d'exercice, les recettes secrètes que les manuels évitent soigneusement de fournir.

L'adepte s'aidera tant qu'il peut d'herbes, de pierres et de potions, qui tournent bien souvent au poison. Il ingère le cinabre rouge, le mercure. Plus souvent, parce que moins coûteux, le soufre, le mica, le quartz, l'arsenic même sous forme de réalgar ou d'orpiment.

À tout cela pourtant, et de manière bien dérisoire, quelle autre issue que la mort, tantôt repoussée, le plus souvent, par un tel régime, accélérée ? La vie de l'homme, ce n'est ni pierre ni métal, qui donc aurait pouvoir d'éterniser ses jours ? Comme le dit si prosaïquement le poète anonyme des dix-neuf poèmes anciens :

Toujours, à tour de rôle on s'escorte à la tombe
Ni saint ni sage, nul ne peut échapper
Pour se rendre immortel, on absorbe des drogues
Mais l'élixir a fait maintes erreurs
Mieux vaut encore boire un vin délicat
Et se vêtir de fine et blanche soie

Les poètes et la Voie

Les sens parmi les bambous, l'esprit au-dessous des pins

Mais enfin, il faut donner sa place non seulement aux savoirs et aux doctrines, mais à l'homme lui-même. Il n'y a pas, pour cela, de meilleur miroir que la poésie.

La cosmologie raconte les mythes expliquant la naissance du monde. La poésie – et plus particulièrement la poésie chinoise – témoigne directement de la manière dont l'homme vit le monde.

Elle dit la communion profonde qui unit l'être humain à la nature : à l'eau, à la lune, au nuage, à la montagne.

L'écriture poétique est la preuve de l'accord possible entre le macrocosme et le microcosme. Non pas un accord intellectuel recourant à la description et à l'argumentation, mais un accord physique visant à la communion. Inutile de raconter ce qu'est le monde, d'en imaginer la genèse, d'en prédire le destin. Illusoire de l'interpréter. Impossible de le transformer. Seule issue : se fondre.

Au moyen d'une écriture éminemment elliptique, la poésie témoigne de cette tension inouïe au cours de laquelle l'homme devient l'eau, la lune, le nuage, la montagne. Ce n'est pas un éclatement, une dilution, un éparpillement sur des objets différents. Au contraire, c'est, à chaque fois, une progressive remontée vers l'Unique.

La visée ultime de l'agir poétique est de participer, selon l'expression du bouddhisme *chan*, à la vacuité universelle. Ou encore, selon la sensibilité taoïste, de se placer dans la position du non-agir *(wu wei)*.

Quelle que soit la virtuosité nécessaire pour répondre aux exigences formelles des genres poétiques, ce n'est ni une partie de plaisir, ni un jeu intellectuel. C'est une question de vie ou de mort, avec tout ce que cela comporte d'urgence et de désespoir. Unique à chaque fois. Répétée pourtant dans l'expérience poétique de tout nouveau poète qui sait bien qu'en son destin individuel, tellement dérisoire face à l'éternité muette de la nature, se joue la loi universelle.

L'essentiel, c'est la Voie, le *Tao*. Le poète, mystérieusement, nous le suggère :

Le sens du poème est parmi les bambous
L'esprit de la Voie naît au-dessous des pins

L'AMOUR DES LETTRES

Le poète chinois est un lettré. Non seulement, à l'ombre du confucianisme, il connaît par cœur les milliers de phrases des cinq classiques et de leurs différents commentaires, mais, grâce à de nombreuses années de préparation, il s'est aussi livré à l'étude minutieuse de divers recueils littéraires, à celle de l'histoire de son immense pays, et connaît les cent écoles de philosophie (le confucianisme, le mohisme, le taoïsme, le légisme, l'école des noms, etc.). Aussi, à chaque fois qu'il écrit un vers, vient sous son pinceau une masse énorme de références. Chaque propos, pour le plus grand plaisir de son lecteur, est allusif. Chaque texte est un tissu chatoyant de citations, issu des mille et une sources de la culture antique.

Loin de l'ignorance du vulgaire, il a appris les mathématiques, le tir à l'arc, et sait même conduire les chevaux d'un char. Après des études supérieures, il maîtrise les rites, la calligraphie et la musique. Ayant réussi les difficiles concours mandarinaux, au niveau de la préfecture, puis de la capitale et même, pour être docteur (c'est le titre chinois *jin shi*), devant un jury central présidé par l'Empereur, c'est un fonctionnaire occupant à la Cour ou en province d'importantes fonctions administratives. Seuls quelques poètes comme Meng Haoran, Chen Tao ou Wen Tingyun, qui ont pourtant pris leur place dans les anthologies, font exception et n'ont pas réussi les concours.

Il vit dans les milieux de l'argent, de la puissance et de la gloire. Et les poèmes, en ce temps, étant souvent chantés, il fréquente pour son plus grand plaisir les courtisanes qui sont aussi des chanteuses, belles comme les filles des Dieux. Il les accompagne de son luth *(qing)* et, pinçant tour à tour leurs sept cordes, compose, à leur intention, des textes où il est parlé des jeux des nuages et de la pluie, de fleurs de prunier, d'orchidées et de chrysanthèmes. Parfois même, en compagnie de ses amis, il abuse un peu du vin, rare et coûteux, qu'il consomme moins pour l'hébétude qu'il provoque lorsqu'il est ingéré en trop grande quantité que pour bien tenir sa place dans les joutes verbales où chacun tente de l'emporter et obtenir ainsi, coupe après coupe, de façon passagère, le surcroît d'excitation propice à la création intellectuelle. En toute occasion, la poésie, plus que tout autre art, est un exercice d'éveil.

Cependant les désordres du temps, les jalousies dont il est victime, les destitutions, les exils et les bannissements dont il est l'objet, parfois même sa participation démasquée aux intrigues, une trahison, amènent le lettré – lorsqu'il a su le faire à temps – à quitter la Cour et à se réfugier à la campagne.

La montagne comme refuge

Là, certes, il est moins utile à l'Empereur qu'un grain de poussière. Mais il est en vie. Pourtant la campagne, ce n'est pas assez. Et parce qu'elle est vite d'un accès difficile pour ceux qui le rechercheraient, le véritable refuge, c'est la montagne. L'éloignement n'est pas toujours une fuite ou un bannissement, il peut s'expliquer aussi par une nomination flatteuse dans une province lointaine comme gouverneur. Le dépaysement n'en est pas moins violent.

La montagne est ce lieu de calme que désigne le trigramme *Gen*, où le Ciel, un trait long, repose sur la Terre, deux fois deux traits brisés. La montagne, comme irriguée par l'énergie cosmique, est ce moment d'alliance entre les monts, qui sont naturellement *Yang*, et les eaux des fleuves et des torrents, qui sont *Yin*.

Surtout, la montagne, par son imposante

présence, est le premier élément fort de tout nouveau paysage. Elle jouit, en Chine, d'un formidable statut. On a vu jadis en elle la colonne permettant de s'élever jusqu'au Ciel. On l'imagine comme un pilier soutenant la voûte céleste.
Les monts sont sacrés. Chaque religion établit sa liste. Pour les bouddhistes, c'est avant tout le mont Sumeru. Pour les taoïstes, il y a cinq monts sacrés en correspondance avec les cinq étoiles du Boisseau du Nord. Ce sont le Nanyue, le Hushan, le Songshan, le Tatung et, le plus célèbre, le Taishan. Tu Fu, au temps de la dynastie des Tang, de son pinceau le dessine :

Voici le Mont des monts
Ah, comment le dire ?

C'est celui à partir duquel tous les autres monts, si immenses soient-ils, sont petits :

D'un regard : tous les monts
Soudain amoindris

Constante de la pensée poétique. Mencius, le philosophe, ne disait-il pas en évoquant son Maître Confucius :

Lorsque Confucius se trouve sur le sommet du mont Tai, l'univers soudain lui paraît plus petit ?

La montagne définit une contrée. Par son dessin, par son poids immense, elle pèse sur une région et stabilise le paysage. Massive, et comme éternelle à sa place, elle est indifférente aux péripéties des destins individuels. Comparable en cela, selon la formule sévère de Lao Tseu, au Ciel et à la Terre :

Le Ciel et la Terre n'ont point d'affection particulière. Ils regardent toutes les créatures comme le chien de paille du sacrifice.

Indifférence qui doit être aussi celle du Sage… Elle est, dans sa permanence, ce à quoi, enfin, l'homme, ballotté par le destin, peut se raccrocher. On imagine alors, simplement, une sente suspendue au flanc du pic solitaire.
Mais le paysage montagnard, lui-même est trompeur. La montagne n'est jamais seule. On croit enfin l'atteindre, mais bientôt la marche fait apparaître de nouvelles perspectives. Le pinceau de Wang Wei en témoigne :

On voit encore des monts au-delà des nuages

D'autres horizons, d'autres montagnes surgissent. La ligne des pics répète ses abrupts. Les montagnes sont foules, les gorges sont par milliers. Comme le dépeint Mei Yaochen :

S'élevant, s'abaissant, mille montagnes

Un défilé changeant de belles cimes

Fin illusoire. Sans cesse. Comme le dit le poète Li Yü, dernier Empereur de la dynastie des Tang du Sud :

Simple rangée de montagnes
Double rangée de montagnes
Montagnes lointaines. Ciel estompé

L'évidence de la permanence est battue en brèche par des vapeurs éparses, des brumes confuses où, dit Guo Moruo, se perdent les pics.

Nuages au galop, montagnes chancelantes

Barque errante

Ici l'eau ne s'oppose pas à la terre, mais s'y associe étroitement. Ce sont d'abord, sur les flancs des monts, entre deux parois, d'immenses cascades comme des fleuves suspendus. Elles brisent le silence, joignant le ciel au fleuve. Célébrant celle de Lushan, le pinceau de Xu Ning dessine :

Dans le vide une chute
Mille toises à pic
Se jette au fleuve et tonne
Sans trêve, ni repos

Ce sont aussi les torrents et leurs écumes, puis les vertiges de la transparence bleu-vert des gouffres tourbillonnants. Et, au plus lointain, les eaux du fleuve et leurs méandres, creusant sans fin le défilé :

Le fleuve limpide est silencieux tel un pur ruban

Seule présence rompant la solitude absolue, minuscule, une barque, peinte ici par Liu Tsung Yan :

Sur mille montagnes, aucun vol d'oiseau
Sur dix mille sentiers, nulle trace d'homme
Barque solitaire

Parfois, pourtant, on entend un chant :

Chant du pêcheur, dans les roseaux, qui s'éloigne

La figure du pêcheur, incarnant le détachement et la pureté préservée, est familière à tout lettré : il se souvient du poète Qu Yan se plaignant de la corruption du monde, auquel le pêcheur répond en chantant *« Claire est l'eau de la rivière. »*
Souvent, tandis qu'on s'élève, on aperçoit, comme une tache plus claire, sur l'eau sombre d'en bas, la chevelure blanche d'un vieux pêcheur. Quelquefois rien :

Quant au soir s'efface toute trace humaine
Sur les bateaux de pêche, les oiseaux
viennent se percher

Thème ressassé de la solitude :

Barque au mât vacillant, seule dans la nuit

La barque, glissant sur l'eau, est un symbole de la vie humaine. Prise dans l'épaisseur du monde. Sobriété de la notation de Li Yü :

Au profond des roseaux une barque

Ou encore Meng Haoran, sur le thème de l'incertitude des choses :

La barque glisse et aborde un brumeux rivage

C'est l'image de l'errance. Le destin fait de l'individu une barque sans lien. Et l'homme erre en sa barque :

L'embarcadère désert : une barque à la dérive

Jusqu'à l'absurde. De la description de Liu Tsung Yan, c'est à n'y rien comprendre :

Barque solitaire, sous son manteau de pailles
Un vieillard pêche, du fleuve figé, la neige

La barque, c'est le départ, celui de la vie, mais plus encore celui de la mort :

Demain, en barque nous voguerons

Barque associée au nuage, eau changée en vent, l'oiseau, le voyage, la disparition :

Voyageur maritime
En sa barque de vent
– Oiseau fendant nuage –
Par-delà tout, s'efface

L'OMBRE DE L'ERMITE

Se familiarisant peu à peu avec son nouveau séjour, le lettré se souvient que dans ces montagnes vivent des ermites. Soit regroupés par communautés dans des monastères, soit isolés, survivant dans d'humbles cabanes, soit même vagabonds insaisissables que l'on voit parfois se découper le long des falaises, cheveux défaits, riant et gesticulant, pour disparaître aussitôt.

Sages cachés *(yin shi)*, ils ont fui le monde sonore pour s'établir à jamais dans le silence. Loin de l'agitation blessante des hommes vivant dans la plaine, ils ont gagné la paix dans la montagne, lieu de rencontre et d'harmonie du Ciel et de la Terre.

Le pin, à la droiture hautaine, est à l'image du solitaire que rien ne peut courber ; tandis que le nuage blanc est souvent la figure de ces taches claires que font au loin, parmi les masses sombres des forêts, les tours de monastères.

C'est une tradition ancienne, pour les princes et les puissants, d'aller consulter les Sages. Ils n'y sont pas toujours bien reçus. Ainsi Xu You, qui reste sourd à l'envoyé de l'Empereur lui demandant de lui succéder, ou tout au moins de prendre le poste de Premier ministre. Non seulement il ne dit rien au cours de l'entretien, mais encore il va se laver les oreilles dans la rivière pour les purifier d'avoir eu à entendre une pareille proposition…

Trouver l'ermite ou – c'est tout un – rencontrer la sagesse n'est pas chose aisée. Parfois on l'aperçoit au loin, liant des fagots de ronces dans le fond d'un ravin, ou encore silhouette grisonnante dont on devine qu'elle est en train de lire Lao Tseu ou Huangdi. Pourtant on a quelquefois la chance, comme le raconte Li Po évoquant le maître taoïste Yong Zun, de pouvoir s'entretenir avec lui dans son ermitage :

Dans la tiédeur des fleurs,
les bœufs noirs sont couchés
Sur les pins élevés, les grues blanches s'endorment
Tandis que nous parlons,
le crépuscule est tombé sur le fleuve
Et seul je redescends dans le froid et la brume

Mais, le plus souvent, il est trop tard. Le jeune garçon interrogé, peut-être son disciple, ne sait quoi répondre. Le maître est allé dans les monts enveloppés de gros nuages, pour cueillir quelques simples. Mais il n'est pas revenu.

Presque toujours, nul ne peut dire où l'ermite s'en est allé. Les feuilles sont tombées sur les monts déserts et ont effacé les traces. Seule la mort est toujours au rendez-vous. En témoignent les vers nostalgiques de Wei Yang Wou :

Sur la route, au portail rocheux,
il n'est pas une trace
Un flot d'encens vient, dans la brume,
emplir le val des pins
La nourriture qui reste dans la cour attire
les oiseaux
Aux arbres pendent des haillons :
le moine s'est éteint

Peut-être même on aura la chance d'apercevoir, au détour d'un étroit sentier, un Immortel *(xian)*, personnage presque divin, qui a une affinité si forte avec la montagne. Le caractère qui le désigne n'accouple-t-il pas à gauche le pictogramme « homme » et à droite le pictogramme « montagne » ? Et de se souvenir de Wang Tseu K'iao, cet héritier du trône impérial qui jouait à merveille de la flûte et qui sifflait à la manière d'un phénix. En quête d'immortalité il rencontre un sage qui l'emmène au sommet du pic sacré du Centre. Là, pendant vingt ans, il est instruit dans l'art de manipuler l'or des souffles. Puis il quitte son maître, se rend au sommet du mont Keou Che, et s'immortalise en s'envolant sur une grue blanche.

L'ébranlement de la nature

La montagne est un espace d'affrontement. C'est, sur des limites incertaines, le lieu où nuages et eaux se rejoignent :

Les nuages du ciel s'abattent sur l'eau
Les vagues du lac rejettent les nuages

Le vent rugit, les nuages passant les crêtes s'accumulent. C'est le lieu, contradictoire et sauvage, où s'affrontent les éléments :

Haut fleuve, gorge étroite :
éclair et tonnerre se combattent

L'ordre du monde, lui-même, semble vaciller. Parfois un rocher se détache et rebondit, tandis que le tonnerre de sa chute retentit sur mille parois. Dans les ravins, des rocs, gros comme des boisseaux, précipités par le vent furieux ou par quelque tremblement, s'accumulent. D'abrupts escarpements s'amoncellent dans l'azur. Comme le décrit le poète Kouo P'ou :

Le ciel s'écartèle au péril des roches
Le soleil se déchire au vertige des arbres
Dans l'ombre des ravins meurt l'éclat du printemps
Sur la glace des pics vit la neige d'été

Où ce qui est séparé tente de se rassembler :

Plaine immense : le ciel s'abaisse vers les arbres
Fleuve limpide : la lune s'approche des humains

C'est la demeure des animaux sauvages : où les cerfs boivent l'eau vive, où les ours grimpent aux arbres, où les gibbons sans répit hurlent dans la nuit. Ces singes ne nous appellent-ils pas ? Et le poète Li Po d'imaginer, tel un chaman d'autrefois, que s'abolit l'irréversible coupure, rêvant d'être enfin un de ces animaux, sans entrave et bondissant :

Singes blancs en automne
Dansants, légers comme neige
Monter d'un bond dans l'arbre
Et boire dans l'eau la lune

Tout devient possible. La montagne, avec ses falaises, ses cavernes et ses à-pics, livre l'expérience du vide. Aussi bien dans son ultime profondeur, où il n'est plus de terre, que dans son ultime altitude, où il n'est plus de ciel. En témoigne le pinceau de Ren Yuchen :

Du ciel bleu sombre j'approche
Du vide où les troncs se tordent
La voix des monts m'étourdit
Mais le vent reste invisible

Aussi ce n'est pas la pluie, mais l'azur du vide qui mouille mes habits.

Plus de limites. Dans les premiers moments, la montagne est verte. Au fur et à mesure qu'on s'y enfonce, elle est sombre et profonde. Très vite, elle devient froide comme la lune qui par à-coups l'éclaire. Parfois même, elle prend une couleur indigo, celle de l'éveil.

Au début, tout au moins au printemps, un loriot jaune chante au profond des feuillages. À l'automne, haut dans l'azur, c'est le cri de l'oie sauvage. Hors des nuages, comme dans les anciennes communautés, chiens et coqs se font entendre. À peine murmurent au loin des voix humaines. Tout à coup au sommet, un phénix rouge jette des cris déchirants. Puis plus rien : la montagne est vide.

On veut aller là où naissent les nuages. Devenir l'un d'eux, comme en rêve K'ouang Jen :

Ma route va hors des espaces azurés
Tel un nuage blanc qui flâne sans lieu fixe

On peut monter au firmament, caresser le

soleil et la lune. Si haut dans le ciel qu'en levant la main, on peut frôler les étoiles.

L'oiseau dans l'azur

Mais plus que tout, ce qui fascine, c'est l'oiseau planant dans l'azur. S'envoler sur une grue jaune… tel est le rêve de tout sage désireux de se soustraire aux bavardages du monde.

À l'instar de Wang Ziquiao, qu'on dit avoir vécu au VIe siècle avant notre ère, et qui, pour éprouver le cœur de ses semblables, avait pris la forme d'un vieillard. Selon la légende il fréquentait une auberge, mais ne payait guère. Pourtant l'aubergiste lui donnait chaque jour à manger, sans jamais lui demander quoi que ce soit. Un jour, pour remercier son hôte de sa bonté, le vieillard prit la pelure d'un fruit et, sans rien dire, se mit à dessiner une grue sur un mur. Elle était si parfaitement ressemblante que lorsque, après boire, les clients chantaient, la grue battait des ailes et se mettait à glapir en cadence. La nouvelle se répandit rapidement et les clients vinrent de plus en plus nombreux pour la voir. L'aubergiste, récompensé de sa bonté, fit rapidement fortune. Un soir, Wang Ziquiao, reprenant la figure d'un Immortel, détacha la grue jaune du mur, l'enfourcha et monta au ciel.

Ou encore, qu'importe la couleur, s'envoler sur une grue blanche comme un nuage, tel Wang Tseu K'iao, le fils d'Empereur devenu Immortel…

Enfourcher un autre animal, peut-être un cygne, et chevaucher les brumes mauves.

Le rêve vertigineux est même d'être l'oiseau absolu qui vole du nord au sud, à l'unisson du poète Dai Wangshu :

{...} l'oiseau Peng
Parmi les nues blanches qui flottent
Dans l'immensité bleue du Ciel
Déploie ses ailes lentement
Allant, par bonds de quatre-vingt-dix mille li
Du passé, du futur sa libre randonnée

Jusqu'à revenir aux temps premiers de la constitution du monde, où, dans un résumé extrême de l'évolution des espèces, l'œuf initial se transforme en poisson, puis le poisson en oiseau.

Au-delà du Vide

Partir au plus loin. Déjà, dans *Stèles*, Victor Segalen interrogeait :

Plus loin que les confins, il y a l'Extrême
Et puis le Grand Vide
Et puis quoi ?

Partir au plus loin, pour revenir à l'origine, en ayant pris conscience que le fleuve, si bas, est le *Tao* dissous ; que la montagne, si haute, est le *Tao* figé.
Partir, parce que c'est une façon de mourir. Au terme de la randonnée fantastique, le poète sent bien qu'être oiseau, c'est un bien : manière de rejoindre l'infini. Mais c'est aussi, comme le suggère Du Fu, un malheur :

Ballotté au gré des vents
Ne suis-je pas semblable à une mouette
Dans l'immense univers

Dans la montagne indifférente, où des os blanchis se mêlent aux racines des herbes, c'en est fini de la poésie. Il faut abandonner à tout jamais ce temps passé, où l'on célébrait les belles, l'amour, la puissance et la gloire. Écrire, c'était, comme toujours, résister au temps, dire non à la mort.

Mais, fortune ou renom, tout n'est que bulles d'illusions. Aujourd'hui c'est le temps du soir, celui du renoncement et de l'acceptation. Fini le goût de l'étude, la soif de savoir :

Mon esprit, vagabond du silence

TABLE

La naissance du monde
Du Chaos primordial au monde céleste

Les secrets de la tortue
L'écaille et le mystère des nombres

Orients, saisons et couleurs
Le Yin et le Yang, de la richesse infinie de l'univers

L'alchimie taoïste

L'or des souffles et les cavernes du corps

Les poètes et la Voie

Les sens parmi les bambous, l'esprit au-dessous des pins

Direction artistique
Valérie Gautier
Mise en pages
Ariane Galateau
Suivi de fabrication
Hélène Boguet

Achevé d'imprimer en France sur les presses de
Mame Imprimeurs à Tours
Dépôt légal février 2004 n° 58541
Imprimé en France